FORSCHUNGSBERICHTE DES LANDES NORDRHEIN-WESTFALEN

Nr. 1775

Herausgegeben

im Auftrage des Ministerpräsidenten Heinz Kühn

von Staatssekretär Professor Dr. h. c. Dr. E. h. Leo Brandt

DK 621.771.01-42

Dr.-Ing. Oskar Pawelski
Dr.-Ing. Eberhard Neuschütz

Max-Planck-Institut für Eisenforschung, Düsseldorf

Beitrag zu den Grundlagen des Walzens in Streckkalibern

SPRINGER FACHMEDIEN WIESBADEN GMBH

ISBN 978-3-663-06194-6 ISBN 978-3-663-07107-5 (eBook)
DOI 10.1007/978-3-663-07107-5

Verlags-Nr. 011775

Ursprünglich erschienin bei Westdeutcher Verlag , Köln und Opladen 1967

Inhalt

1. Einleitung und Aufgabenstellung

Neben dem Flachwalzen von Rechteckquerschnitten, z. B. zur Herstellung von Karosserie- und Verpackungsblechen, ist in der Umformtechnik das Profilwalzen von großer Bedeutung. Das Walzen im Kaliber dient hauptsächlich der Fertigung von Schienen und Trägern verschiedenster Art. Sehr häufig wird dieses Verfahren aber auch eingesetzt, um das Walzgut in möglichst wenigen Stichen von einem großen Anfangsquerschnitt auf einen kleinen Endquerschnitt herunterzuwalzen. In diesem Falle kommt es vor allem auf eine gute Streckwirkung der Kaliber an. Man spricht deshalb von Streckkalibern. Ein kennzeichnendes Beispiel ist das Auswalzen von Knüppeln mit quadratischem Querschnitt zu Walzdraht mit Rundquerschnitt, wobei verschiedene Zwischenkaliber wie Raute, Oval und Falschrund eingesetzt werden.

Für den Walzwerker wie für den Konstrukteur ist es gleichermaßen wichtig zu wissen, wie sich die Form dieser Kaliber während des Umformvorganges auf den Formänderungswiderstand, das Antriebsmoment und den Werkstofffluß auswirkt. Bei den wenigen vorliegenden Untersuchungen zu diesen Fragen handelt es sich meistens um Betriebsmessungen, deren Ergebnisse für den betreffenden Betrieb zwar sehr aufschlußreich sind, deren Übertragung auf andere Anlagen jedoch sehr begrenzt ist. Bei solchen Messungen ist es meistens auch schwierig, die umformtechnischen Zusammenhänge eindeutig zu erkennen, da sich stets verschiedene Einflußgrößen wie Temperatur, Formänderung, Formänderungsgeschwindigkeit und Reibungsbeiwert überlagern. Zweck der vorliegenden Arbeit soll es deshalb sein, durch gezielte Versuche im Laboratorium die Vorgänge beim Walzen in Streckkalibern genauer zu untersuchen und sie damit für die Anwendung im Walzbetrieb besser beurteilen zu können. Besonders sollen die Fragen des Formänderungswiderstandes, des Antriebsmoments, der Voreilung und des Werkstoffflusses behandelt werden.

2. Formänderungswiderstand

Für die Vorausberechnung des Kraft- und Arbeitsbedarfs beim Walzen auf flacher Bahn sind mehrere Theorien bekannt, die befriedigende Ergebnisse liefern, wenn die Reibung im Walzspalt genau genug berücksichtigt wird [1, 2, 3, 4]. Beim Kaliberwalzen dagegen sind die Verhältnisse verwickelter, da neben dem Reibungseinfluß auch der Einfluß der Umformgeometrie mathematisch schwer zu beschreiben ist. Die Zahl der Arbeiten, die sich mit der Bestimmung des Kraftbedarfs beim Walzen in Kalibern befassen, ist dementsprechend gering. Erwähnt seien zunächst die grundlegenden Versuche von J. PUPPE [5], der die Walzkräfte beim Auswalzen von Knüppeln, Winkeln, U- und I-Eisen ermittelte. Aus diesen Untersuchungen leiteten E. SIEBEL und W. LUEG [6] eine Abhängigkeit des mittleren Formänderungswiderstands von einer Geometriekenngröße ab. Sie stellten den mittleren Formänderungswiderstand als Funktion des mittleren Höhen-Durchmesser-Verhältnisses h_1/D dar, Abb. 1. Dadurch kommt der beherrschende Einfluß der Walzgeometrie auf den Kraftbedarf deutlich zum Ausdruck. Allerdings muß dazu bemerkt werden, daß der Geometrieeinfluß durch einen Temperatureinfluß überlagert ist, da die Walztemperatur bei diesen Versuchen zwischen etwa 1050 und 1200°C schwankte. Der mittlere Formänderungswiderstand war dabei für einen zugeordneten Flachstich zu bestimmen, der sich ergab, wenn die Anfangs- und Endquerschnitte des im Kaliber umgeformten Walzgutes in flächengleiche Rechtecke mit der Anfangs- bzw. Endbreite des gewalzten Profils umgewandelt wurden. E. SIEBEL und W. LUEG [6] und H. HOFF und TH. DAHL [7] bestätigten durch weitere Versuche an Profil- und Blockwalzstraßen die Versuchsergebnisse von J. PUPPE [5].
W. LUEG und H. G. MÜLLER [8] führten Betriebsuntersuchungen an einem 700er Trio-Fertiggerüst mit einer Platinen- und einer Knüppelkalibrierung durch. Als Kenngrößen des Walzvorganges wurden die Walzkräfte, der mittlere Formänderungswiderstand, das Drehmoment und der Hebelarmbeiwert in Abhängigkeit von der Temperatur, der Formänderung, dem Höhen-Durchmesser-Verhältnis und dem Werkstoff bestimmt. Außerdem wurden die Formänderungswiderstände beim Walzen von Platinen und Knüppeln gegenübergestellt.
G. ZOUHAR [9] unternahm Laborversuche, um beim Walzen in den Streckkaliberreihen Quadrat–Raute, Raute–Raute, Quadrat–Oval und Rund–Oval die Größe der Walzkräfte und Drehmomente zu ermitteln. Dabei wurden Stähle verschiedener Zusammensetzung, Kupfer und Aluminium untersucht.
Die Walzkräfte an einer kontinuierlichen 20gerüstigen Feinstahlstraße wurden von W. SCHWENZFEIER und O. PAWELSKI [10] gemessen und mit Rechenwerten nach R. B. SIMS [11, 12], S. EKELUND [13], A. GELEJI [14] und G. WALLQUIST [15] verglichen. Für die Berechnungen wurde der Walzgutquerschnitt nicht als Ganzes

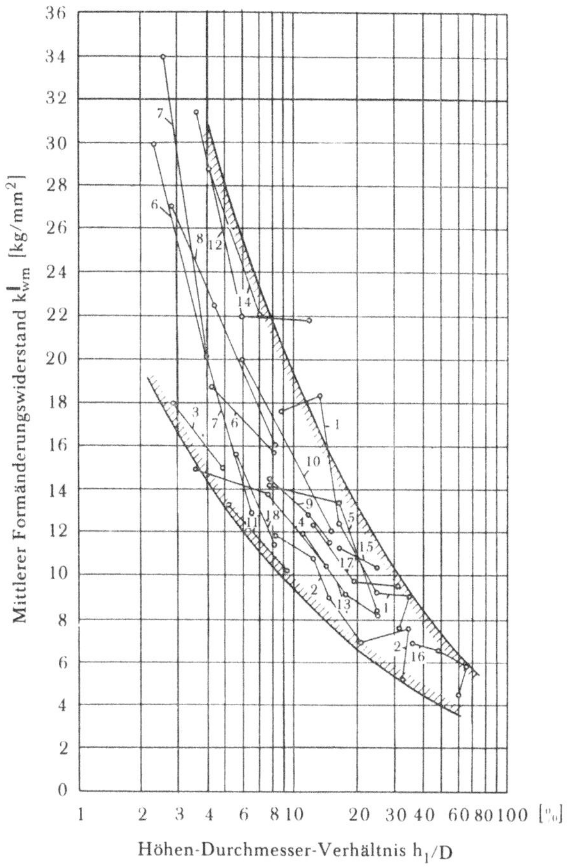

Abb. 1 Abhängigkeit des mittleren Formänderungswiderstands vom mittleren Höhen-Durchmesser-Verhältnis beim Profilwalzen nach Versuchen von J. PUPPE

in ein Rechteck umgewandelt, sondern zunächst in Breitenrichtung in schmale Streifen unterteilt und dann die Rechteckumwandlung jeder einzelnen Teilfläche vorgenommen. Die Übereinstimmung von Meß- und Rechenwerten ist danach im ganzen gesehen nicht befriedigend. Die empirisch oder halbempirisch abgeleiteten Rechenverfahren lieferten jeweils nur für einen bestimmten Bereich genügend genaue Werte.

E. SIEBEL [16] empfiehlt zur Berechnung der Walzkraft beim Walzen im Kaliber die Formel

$$P_w = a_1 a_2 k'_w F_d \tag{1}$$

(k'_w = Formänderungswiderstand des zugeordneten Flachwalzfalls, F_d = gedrückte Fläche nach Umrechnen in den zugeordneten Flachwalzfall, a_1 = Geschwindigkeitbeiwert, abhängig von v/D_a, v = Walzgeschwindigkeit, D_a = arbeitender Durchmesser, a_2 = Kaliberreibungsbeiwert).

Der Kaliberreibungsbeiwert wird für offene Kaliber mit 1,1 bis 1,5, für geschlossene Kaliber mit 1,2 bis 2,0 angegeben.
G. WALLQUIST [15] geht zur Ermittlung des Kraftbedarfs beim Kaliberwalzen wie folgt vor. Die gedrückte Fläche ist

$$F_d = l_{d\,\max} b_{\max} k_p \tag{2}$$

$$l_{d\,\max} = \sqrt{\frac{D_{\min} \Delta h}{2}} \tag{3}$$

$$\Delta h = h_{0\,\max} - h_{1\,\max} \tag{4}$$

($l_{d\,\max}$ = größte gedrückte Länge, $b_{\max}$ = größte Breite, $D_{\min}$ = kleinster Walzendurchmesser des jeweiligen Kalibers, $h_{0\,\max}$ = größte Anfangshöhe, $h_{1\max}$ = größte Endhöhe). k_p ist ein Korrekturfaktor für den Einfluß der Kaliberform. Er liegt im Mittel für Rautenkalibrierungen bei 0,72, für Quadrat/Oval-Kalibrierungen bei 1,03 und für Oval/Quadrat-Kalibrierungen bei 0,95. Für die beiden letztgenannten Fälle wird an Stelle von $b_{\max}$ die mittlere Breite

$$b_m = \tfrac{1}{2}(b_0 + b_1)$$

eingesetzt.

Mit diesen Werten beträgt die Walzkraft bei einem Kaliberwalzstich

$$P_w = k_{wm} k_p \sqrt{\frac{D_{\min} \Delta h}{2}} \cdot b \tag{5}$$

(k_{wm} = mittlerer Formänderungswiderstand, $b = b_{\max}$ oder b_m je nach Kalibrierung).
Wegen der verwickelten Umformgeometrie beim Profilwalzen ist für die Spannungen im Walzspalt eine rein plastizitätstheoretische Lösung kaum zu erwarten. Die bisher erläuterten Gleichungen zeigen, daß bei Kraftberechnungen für das Kaliberwalzen üblicherweise vom Flachwalzen ausgegangen wird, um dann über empirisch ermittelte Korrekturfaktoren eine Lösung für das Profilwalzen zu finden.
Ein neuer Lösungsweg, der im folgenden begangen werden soll, ergibt sich mit Hilfe von Ähnlichkeitsbetrachtungen [17], wobei die Gesetzmäßigkeiten der theoretisch gut überschaubaren ebenen Umformung auf verwickelte Umformvorgänge, wie sie hier beim Profilwalzen vorliegen, übertragen werden.
Dazu sei von dem einfachen Fall des Flachstauchens ausgegangen, Abb. 2a. Hierbei werden zwei einander gegenüberstehende Stempel mit ebener Preßfläche bei guter Schmierung in einen gleichfalls ebenen Körper eingedrückt. R. HILL [18] und A. P. GREEN [19] beantworteten mit Hilfe der Plastizitätstheorie, welcher mittlere Druck k_{wm} bei Reibungsfreiheit und starr ideal-plastischem Werkstoff gerade plastisches Fließen bewirkt, wenn das Verhältnis von Stempel-

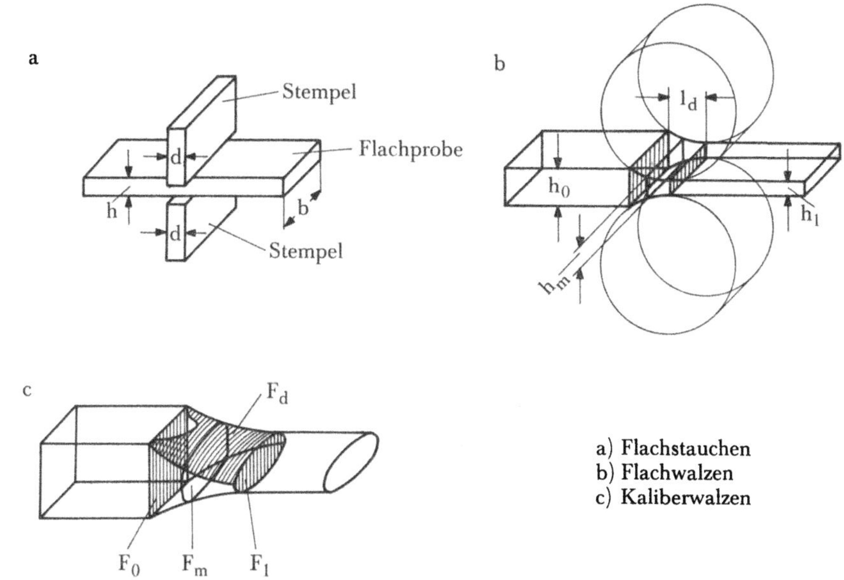

Abb. 2 Veranschaulichung der Umformgeometrie

dicke zur Probenhöhe d/h Werte zwischen 0 und ∞ annimmt. Die Theorie sagt eine Funktion

$$\frac{k_{wm}}{k_{fm}} = f(d/h) \qquad (6)$$

(k_{wm} = mittlerer Formänderungswiderstand, k_{fm} = mittlere Formänderungsfestigkeit) voraus und drückt damit wieder den beherrschenden Geometrieeinfluß auf den bezogenen Formänderungswiderstand aus.
Die Abb. 3 gibt diesen Funktionsverlauf schematisch durch Kurve a wieder. Sie ist ohne äußere Reibung, jedoch mit Berücksichtigung der inneren Schiebungen zu verstehen. Für den entgegengesetzten Fall, d. h. für fehlende innere Schiebungen und vorhandene äußere Reibung, gilt Kurve b. Stellt man sich für die technischen Formgebungsverfahren eine Überlagerung der Einflüsse von inneren Schiebungen und äußerer Reibung vor, ergibt sich schematisch eine Kurve c, die allgemein durch die Funktion

$$\frac{k_{wm}}{k_{fm}} = f(d/h, \text{Reibung}) \qquad (7)$$

beschrieben werden kann. Für das Flachwalzen erweist sich entsprechend d/h ein Verhältnis aus gedrückter Länge l_d und mittlerer Probenhöhe h_m in der Umformzone als geeignete Geometriegröße, Abb. 2b, so daß dann gilt

$$\frac{k_{wm}}{k_{fm}} = f(l_d/h_m, \text{Reibung}). \qquad (8)$$

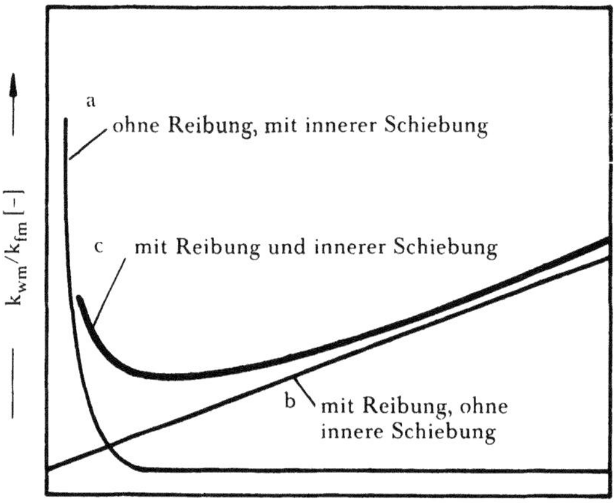

Abb. 3 Abhängigkeit des auf die Formänderungsfestigkeit bezogenen mittleren Formänderungswiderstands k_{wm}/k_{fm} vom Verhältnis d/h

Die Geometriegröße l_d/h_m wird als Walzspaltverhältnis bezeichnet. Gebräuchlicher war bisher das Höhen-Durchmesser-Verhältnis h_1/D (h_1 = Höhe des Walzguts nach dem Stich, D = Walzendurchmesser). Diese Größe hat zwar den Vorteil, daß sie unmittelbar aus gegebenen Größen zu ermitteln ist. Das Walzspaltverhältnis l_d/h_m beschreibt jedoch die Geometrie der Umformzone umfassender, weil es sowohl den Einfluß des Höhen-Durchmesser-Verhältnisses als auch den der Höhenabnahme ε_h berücksichtigt. Zum Beweis sind in Abb. 4 Versuchsergebnisse von E. Siebel und E. Fangmeier, A. Pomp und G. Weddige, G. Wallquist, H. Lampmann und W. Völkening [20] wiedergegeben. Gezeigt ist die Abhängigkeit des mittleren Formänderungswiderstands k_{wm} vom Höhen-Durchmesser-Verhältnis h_1/D bei zwei verschiedenen Höhenabnahmen $\varepsilon_h = 20\%$ und 40% (Kurven 1 und 2). Formt man die Geometriekennwerte h_1/D nach folgender Gleichung auf l_d/h_m um,

$$l_d/h_m \approx \sqrt{\frac{\varepsilon_h}{2\left(\frac{h_1}{D}\right)}}, \tag{9}$$

und trägt den mittleren Formänderungswiderstand über dem Walzspaltverhältnis auf, dann erhält man an Stelle der beiden Kurven 1 und 2 eine einzige Kurve 3, in die beide Höhenabnahmen eingehen.

Darüber hinaus ermöglicht die Größe l_d/h_m einen besseren Vergleich mit anderen Umformverfahren [21], denn sie ist nur aus Längen am Werkstück und nicht aus Abmessungen der Umformwerkzeuge (Walze, Ziehhol, Preßstempel usw.) zusammengesetzt.

Grundsätzlich könnte die Geometriekenngröße l_d/h_m auch beim Profilwalzen benutzt werden. Jedoch ergeben sich hierbei wegen der unterschiedlichen Walzendurchmesser über der Kaliberbreite unterschiedliche gedrückte Längen

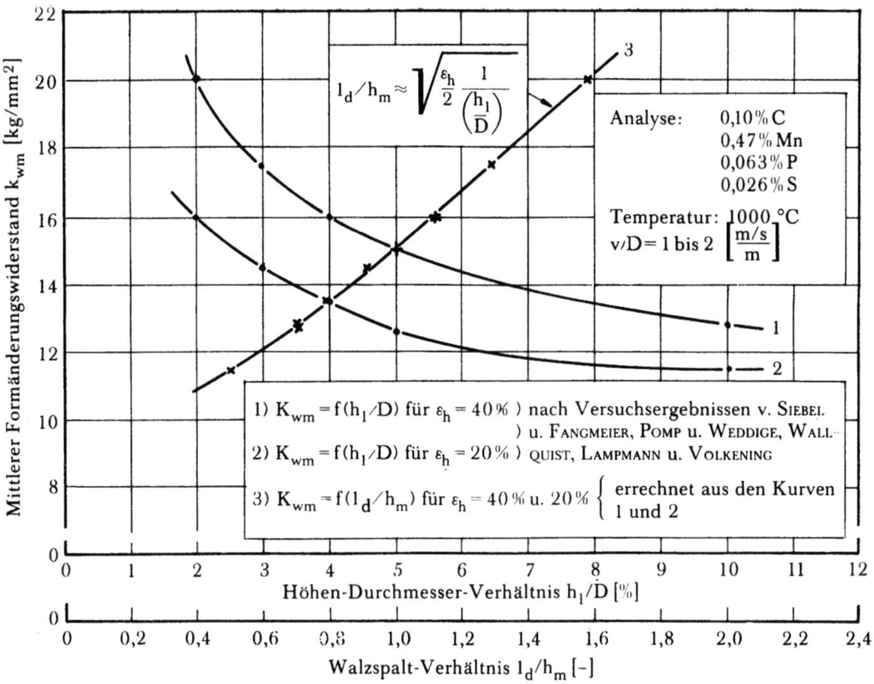

Abb. 4 Vergleich der umformtechnischen Aussagefähigkeit des Höhen-Durchmesser-Verhältnisses h_1/D und des Walzspalt-Verhältnisses l_d/h_m

und unterschiedliche mittlere Höhen, so daß das Verhältnis l_d/h_m über der Walzgutbreite nicht konstant ist. Behelfsweise könnten die Profilquerschnitte am Walzenein- und -austritt in flächengleiche Rechtecke umgewandelt und diese dann wieder wie in einem Flachwalzvorgang betrachtet werden. Sinnvoller erscheint jedoch, an Stelle der Längen am Walzgut kennzeichnende Flächen aufeinander zu beziehen. Entsprechend l_d/h_m kann dann das Verhältnis F_d/F_m verwendet werden. F_d stellt die gedrückte Fläche in der Umformzone und F_m den mittleren Walzgutquerschnitt $F_m = 1/2\ (F_0 + F_1)$ dar (F_0 = Anfangsquerschnitt, F_1 = Endquerschnitt). In Abb. 2c sind für einen Quadrat-Oval-Stich die gedrückte Fläche F_d und der mittlere Walzgutquerschnitt F_m veranschaulicht. Die genannten Flächen sind sowohl beim Flachwalzen (durch Rechnung) als auch beim Profilwalzen (durch Versuch, s. Abschnitt 6) recht genau zu bestimmen. Um festzustellen, in welchem Maße sich der Geometrieeinfluß beim Profilwalzen durch das gewählte Flächenverhältnis beschreiben läßt und um schließlich Profil- und Flachwalzen miteinander zu vergleichen, wurden gezielte Versuche unter Laborbedingungen durchgeführt und bei der Auswertung besonders die Abhängigkeit des mittleren Formänderungswiderstands k_{wm} und des bezogenen mittleren Formänderungswiderstands $\frac{k_{wm}}{k_{fm}}$ von dem Flächenverhältnis F_d/F_m betrachtet.

Zunächst sei der mittlere Formänderungswiderstand eingehender behandelt. Ähnlich wie in Gleichung (8) kann geschrieben werden

$$\frac{k_{wm}}{k_{fm}} = f(F_d/F_m, \text{Reibung}) \tag{10}$$

$$k_{wm} = k_{fm} \cdot f(F_d/F_m, \text{Reibung}). \tag{11}$$

Um den Einfluß der Geometrie auf den Formänderungswiderstand klar herauszustellen, sind also die Reibungsbedingungen und die mittlere Formänderungsfestigkeit konstant zu halten. Für die hier angestellten Untersuchungen kann der Reibungsbeiwert innerhalb einer Versuchsreihe als gleichbleibend angesehen werden, da Walztemperatur, Werkstoff und Oberflächenrauheit der Walzen im Rahmen der Versuchsmöglichkeiten konstant gehalten wurden. Die mittlere Formänderungsfestigkeit darf bei gleicher Temperatur und nicht allzu stark schwankender Formänderungsgeschwindigkeit ebenfalls als annähernd konstant angenommen werden.

Der Einfluß der Walzgeometrie auf den Formänderungswiderstand ist in Abb. 5 für unterschiedliche Temperaturen, 1100°C (Kurve a), 1000°C (Kurve b), 900°C (Kurven c, d) und unterschiedliche Formänderungsgeschwindigkeiten $\dot{\varphi}_m = 0{,}15$ bis $2{,}4\ s^{-1}$ (Kurven a, b, c) und $\dot{\varphi}_m = 1{,}2$ bis $18{,}7\ s^{-1}$ (Kurve d) zunächst für das Flachwalzen gezeigt. Dabei bildet sich bei $F_d/F_m \approx 0{,}2$ bis $0{,}5$

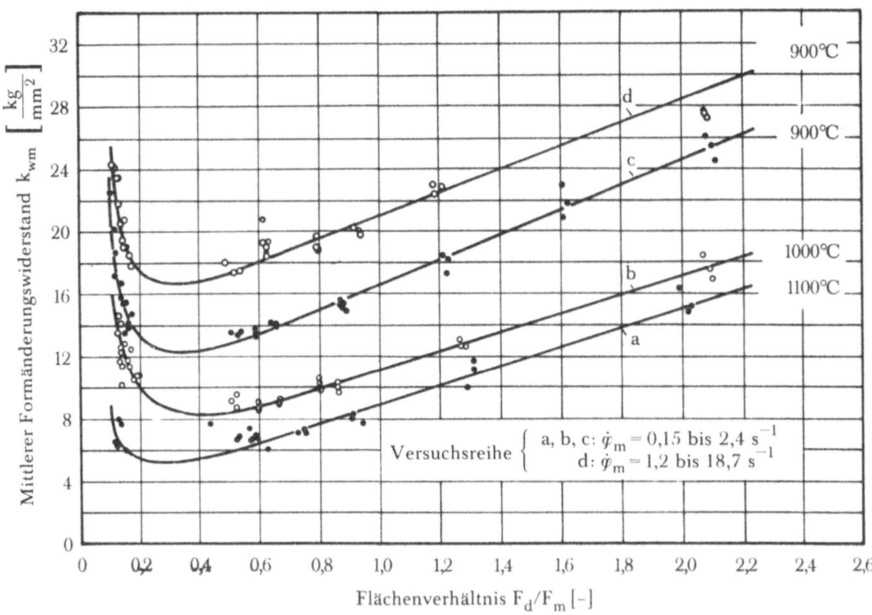

Abb. 5 Abhängigkeit des mittleren Formänderungswiderstands k_{wm} vom Flächenverhältnis F_d/F_m beim Flachwalzen von Stahl C 45 bei verschiedenen Temperaturen und Formänderungsgeschwindigkeiten

ein Minimum aus, das entsprechend den obigen Ausführungen mit den gegenläufigen Einflüssen der inneren Werkstoffschiebungen und der äußeren Reibung zwischen Werkzeug und Werkstück zu erklären ist.
Die gleiche Darstellungsweise soll nun für das Walzen in Kalibern benutzt werden. Dazu wurden Rauten-, Quadrat-, Oval-, Falschrund- und Rundkaliber untersucht, deren Abmessungen aus Abb. 6 hervorgehen. Die Versuchsergebnisse sind in Abb. 7 wiedergegeben. Auch hierbei wurden wieder Walztemperaturen von

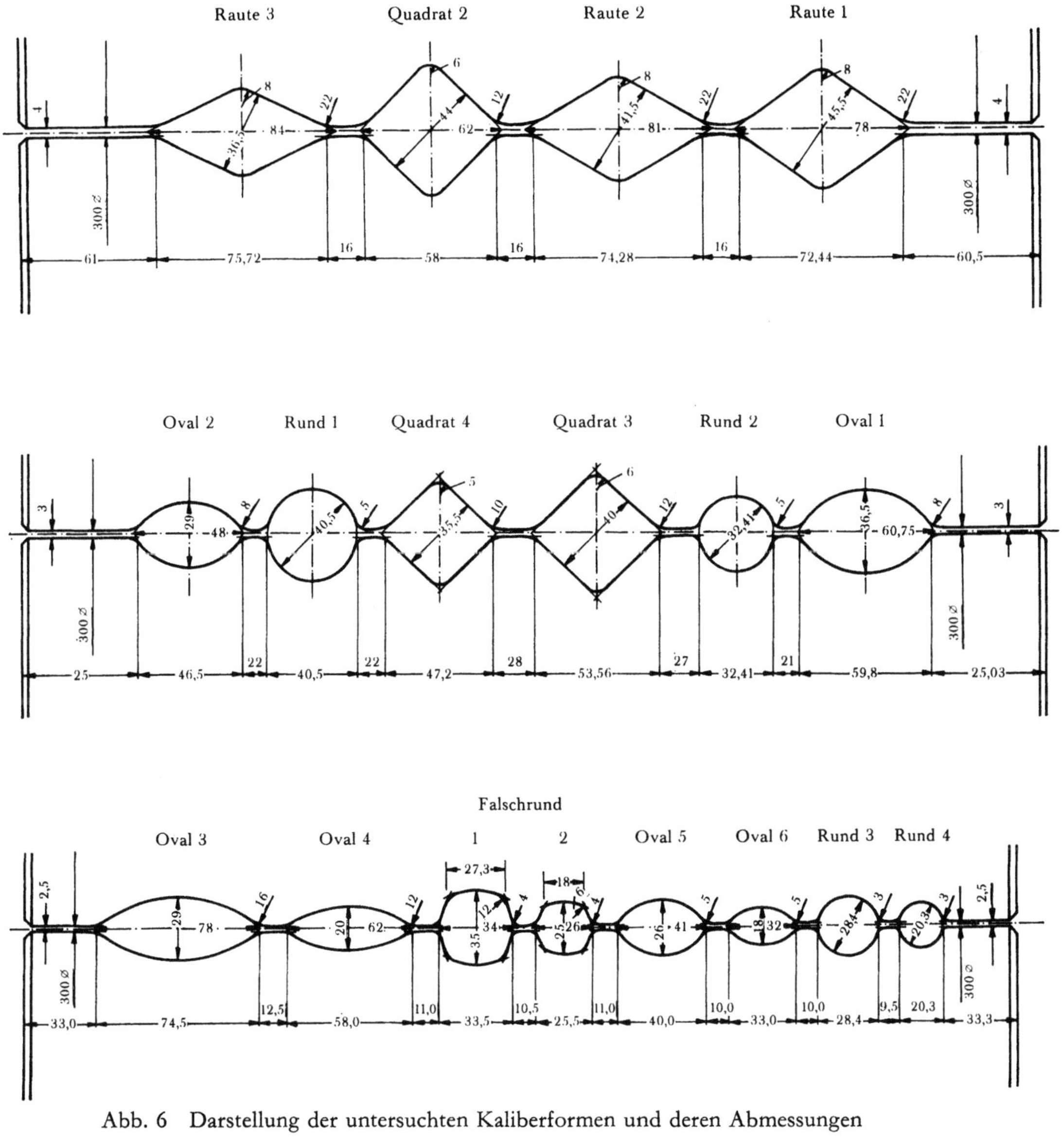

Abb. 6 Darstellung der untersuchten Kaliberformen und deren Abmessungen

1100° C (Kurve a), 1000° C (Kurve b) und 900° C (Kurve c) gewählt. Dabei war die Formänderungsgeschwindigkeit $\dot{\varphi}_m = 0{,}8$ bis $2{,}3\ s^{-1}$. Kurve d, bei 900° C aufgenommen, beschreibt den Einfluß der Formänderungsgeschwindigkeit bei 9mal höheren Walzgeschwindigkeiten gegenüber den Versuchsreihen a, b und c. Diese Darstellung zeigt, wie umfassend das Flächenverhältnis F_d/F_m den Einfluß der Umformgeometrie beim Kaliberwalzen kennzeichnet. Die Versuchswerte für den Formänderungswiderstand sämtlicher hier untersuchten Kaliberformen, wie Quadrate, Raute, Oval, Falschrund und Rund liegen mit einer Streuung von nicht mehr als etwa ± 10% auf den Ausgleichsgeraden. Für keine Kaliberform nehmen die Werte innerhalb eines Streubandes einen bevorzugten Platz oder eine bevorzugte Richtung ein. Die Ausgleichslinien in den Abb. 5 und 7 wurden nach der Methode der kleinsten Quadrate berechnet. Um die Versuchswerte des Kaliberwalzens mit denen des Flachwalzens zu vergleichen, wurden diese Ausgleichsgeraden in Abb. 8 gegenübergestellt. Danach liegen die k_{wm}-Kurven beim Profilwalzen stets höher als beim Flachwalzen. Die Formänderungswiderstände beider Walzvorgänge unterscheiden sich aber offenbar nicht wie vielfach angenommen um einen Faktor, sondern eher um ein additives Glied.

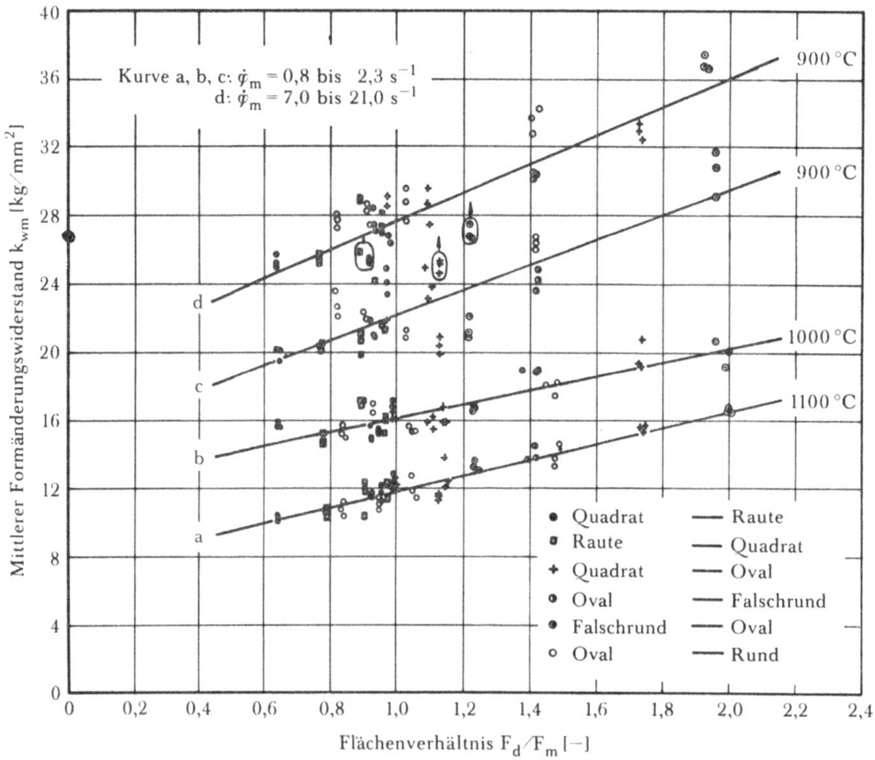

Abb. 7 Abhängigkeit des mittleren Formänderungswiderstands k_{wm} vom Flächenverhältnis F_d/F_m beim Kaliberwalzen bei verschiedenen Temperaturen und Formänderungsgeschwindigkeiten für Stahl C 45

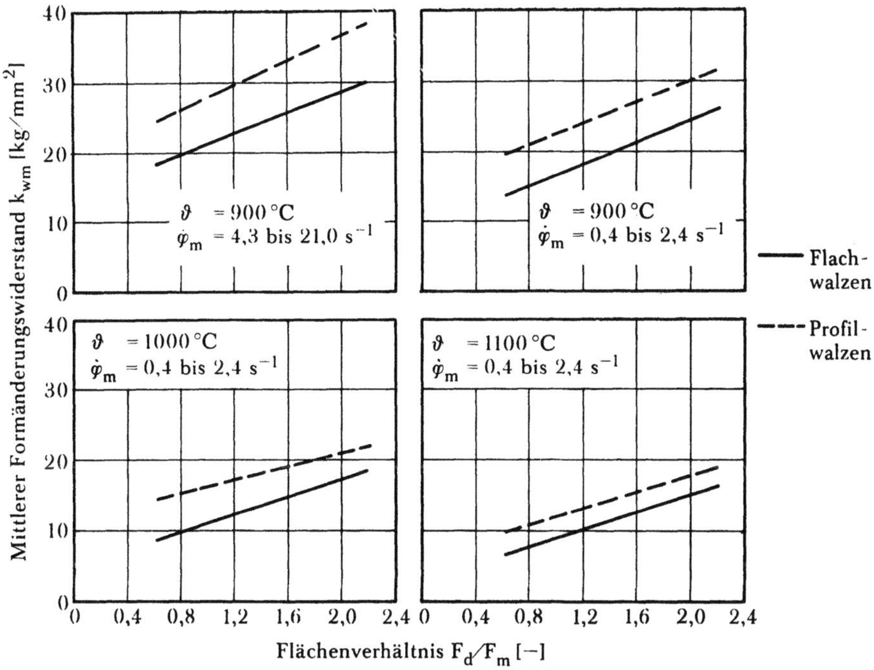

Abb. 8 Vergleich des mittleren Formänderungswiderstands k_{wm} beim Flach- und Profilwalzen für unterschiedliche Walztemperaturen und Formänderungsgeschwindigkeiten von Stahl C 45

Die Abb. 9 und 10 stellen jeweils beim Flach- und Kaliberwalzen den mittleren bezogenen Formänderungswiderstand k_{wm}/k_{fm} in Abhängigkeit von der Geometriekenngröße dar. Durch die Kurven a, b und c werden hierin die einzelnen Versuchsreihen getrennt wiedergegeben, während in den Bildteilen d die Ergebnisse dieser drei Versuchsreihen jeweils untereinander verglichen werden.
Der gegenläufige Einfluß von inneren Werkstoffschiebungen und äußerer Reibung kommt bei dieser Darstellungsweise wiederum klar zum Ausdruck. Dabei liegt beim Flachwalzen nach Abb. 9 das Minimum für k_{wm}/k_{fm} bei $F_d/F_m = 0{,}7$ bis 1,0 und erreicht dort ungefähr den Wert 1,1 bis 1,2. Ein Aufstauchen der Versuchsproben am Eintritt in die Umformzone, wie es bei sehr geringen Abnahmen beispielsweise beim Stangenziehen vorkommt, wurde auch bei kleinen F_d/F_m-Werten um 0,1 bis 0,2 und großen Verhältnissen k_{wm}/k_{fm} nicht festgestellt, weil beim Walzen auf flacher Bahn und schmalem Walzgut der Werkstoff an den Berührungsflächen zur Seite abfließen kann.
Für das Kaliberwalzen konnten bei kleinen Flächenverhältnissen keine Versuchswerte erhalten werden. Jedoch deutet sich bei $F_d/F_m = 0{,}6$ bis 0,8 ebenfalls ein Minimum an. Rechts vom Minimum kann ein linearer Zusammenhang zwischen bezogenem Formänderungswiderstand und Flächenverhältnis angenommen werden. Der untersuchte Bereich des Flächenverhältnisses entspricht

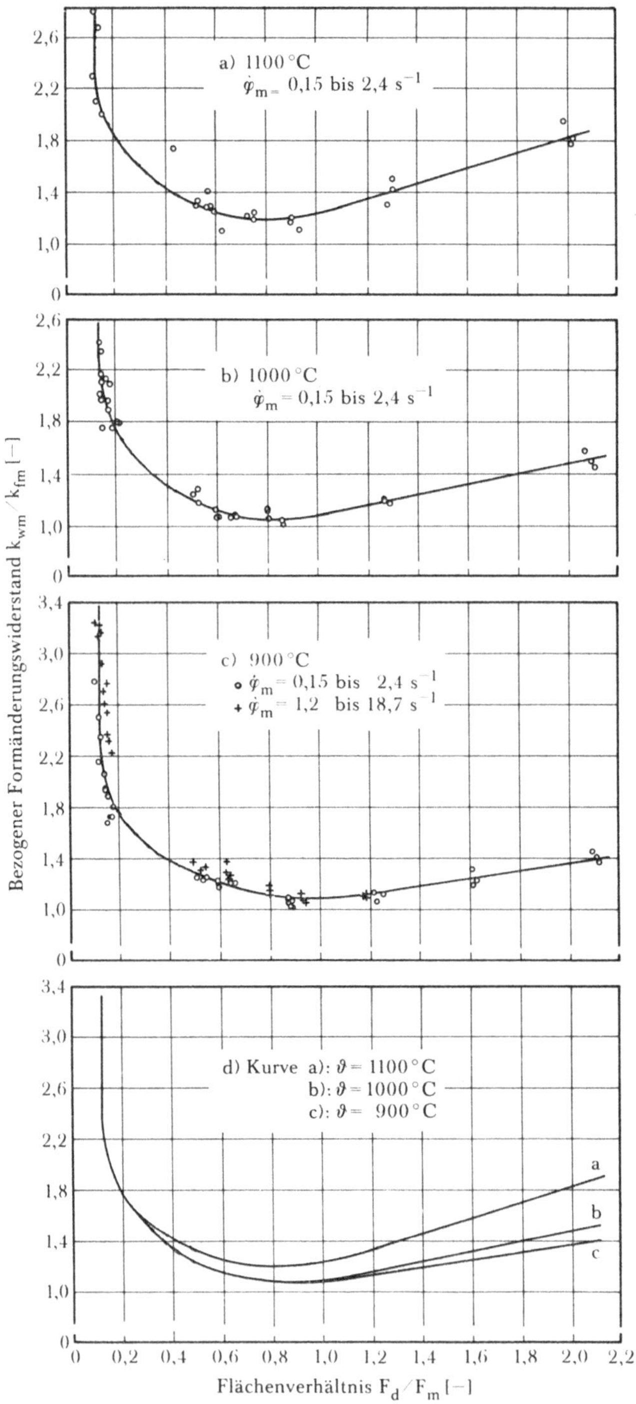

Abb. 9 Abhängigkeit des auf die Formänderungsfestigkeit bezogenen mittlerne Formänderungswiderstands k_{wm}/k_{fm} vom Flächenverhältnis F_d/F_m für Stahl C 45 beim Flachwalzen bei unterschiedlichen Walztemperaturen und Formänderungsgeschwindigkeiten

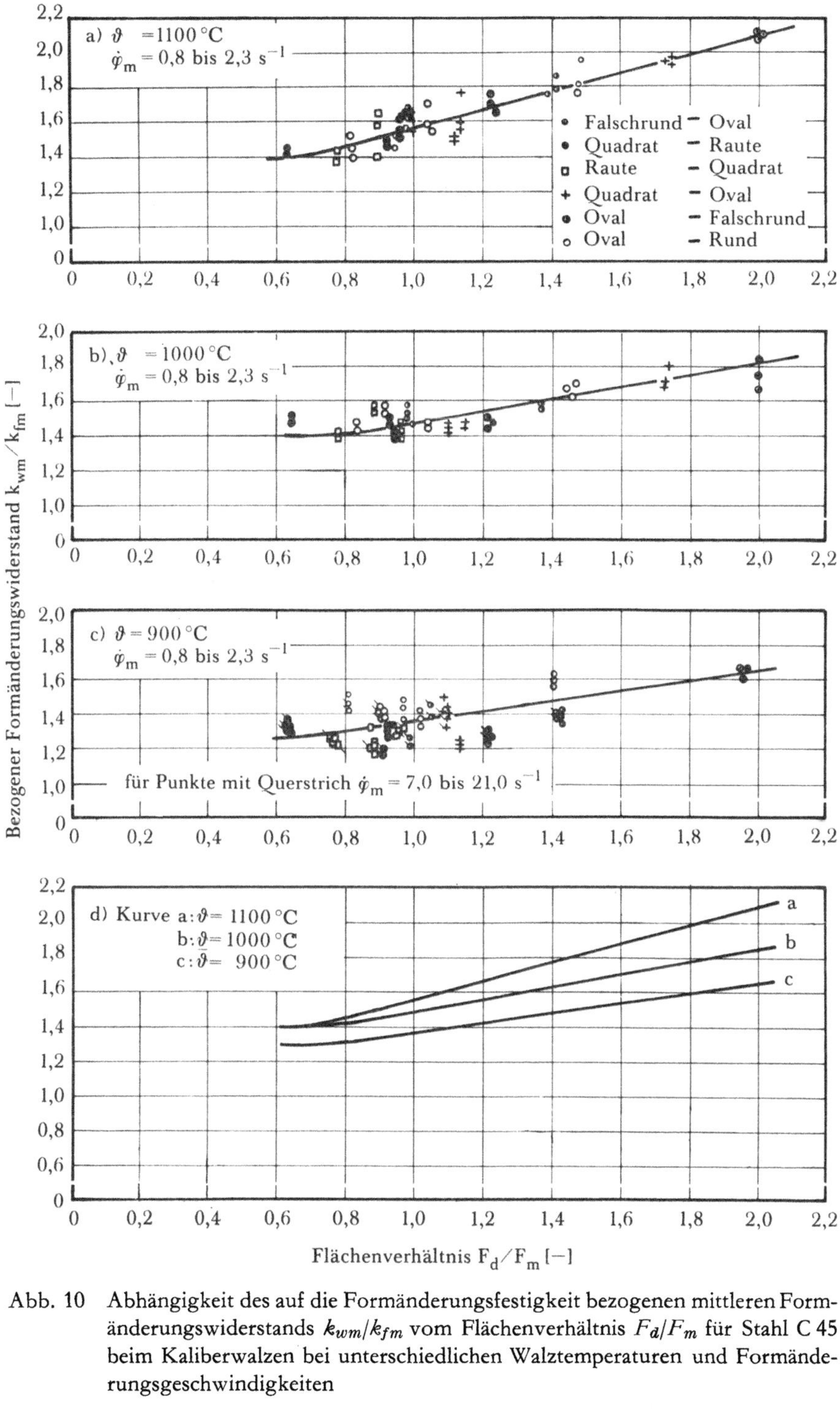

Abb. 10 Abhängigkeit des auf die Formänderungsfestigkeit bezogenen mittleren Formänderungswiderstands k_{wm}/k_{fm} vom Flächenverhältnis F_d/F_m für Stahl C 45 beim Kaliberwalzen bei unterschiedlichen Walztemperaturen und Formänderungsgeschwindigkeiten

etwa den Verhältnissen wie sie an Block-Brammenstraßen, Halbzeugvorstraßen und Feinstahlstraßen vorliegen. Der Bereich $F_d/F_m = 0,1$ bis 0,2 entspricht den Stauchstichen beim Brammenwalzen, wobei sich die inneren Werkstoffschiebungen besonders stark bemerkbar machen. Die meisten Stiche an Block-Brammenstraßen und Halbzeugvorstraßen fallen in den Bereich des Minimums. Zu größeren Flächenverhältnissen hin schließen sich die Feinstahlstraßen an [21].
Der Einfluß der Walzgeometrie auf den mittleren bezogenen Formänderungswiderstand k_{wm}/k_{fm} wird besonders deutlich, wenn der Reibungsbeiwert innerhalb einer Versuchsreihe wieder als annähernd konstant angenommen wird. Wenn für gleiche Walztemperaturen auch gleiche Reibungsbeiwerte vorausgesetzt werden dürfen, geht der Reibungsbeiwert μ als Parameter in die benutzte Darstellungsweise ein. Da sich bei höheren Temperaturen höhere k_{wm}/k_{fm}-Werte ergeben haben, müßte dies höhere Reibungsbeiwerte bei höheren Temperaturen bedeuten, wenigstens für den hier gewählten Stahl C 45 im Bereich von 900 bis 1100° C. Einen ähnlichen Zusammenhang zwischen Temperatur und Reibungsbeiwert fand auch J. LANGER [22], der die beste Übereinstimmung von berechneten und gemessenen Werten für Walzkraft und Drehmoment bei folgenden Werten erhielt:

Walztemperatur in °C	900	1000	1100	1200
Reibungsbeiwert	0,25	0,30	0,35	0,40

Zu erwähnen ist, daß die Versuchsproben nahezu zunderfrei gewalzt wurden. Auch I. M. PAWLOW und A. E. SCHELEST [23] ermittelten bei zunderfreiem titanlegierten Walzgut steigende Reibungsbeiwerte bei zunehmenden Temperaturen von 700 bis 1200° C. Verzunderter Werkstoff erhöht dagegen den Reibungsbeiwert nur bis etwa 950° C und wirkt bei höheren Temperaturen reibungserniedrigend. Wahrscheinlich löst sich dann die Zunderschicht leichter vom Werkstoff und kann zwischen Werkstoff und Walzen gleiten.
Da die eigenen Versuche an Walzproben mit fest haftender Zunderschicht durchgeführt wurden – bei 1000 und 1100° C wurde die Primärzunderschicht vor dem Walzen abgeschlagen –, steht die ermittelte Temperaturabhängigkeit der Reibung in ihrer grundsätzlichen Richtung in guter Übereinstimmung mit den Ergebnissen von J. LANGER [22] und I. M. PAWLOW und A. E. SCHELEST [23].
Die Darstellungsweise, die in den Abb. 9 und 10 gewählt wurde, bietet den Vorteil, über den bezogenen Formänderungswiderstand bei genauer Beschreibung der Umformgeometrie, was weitgehend durch das Flächenverhältnis geschieht, verschiedene Umformverfahren miteinander vergleichen zu können. Eine derartige Gegenüberstellung wurde für das Flach- und Profilwalzen in Abb. 11 vorgenommen. Danach werden für gleiche Flächenverhältnisse F_d/F_m beim Profilwalzen höhere Werte für das Verhältnis k_{wm}/k_{fm} erreicht als beim Flachwalzen. Diese Erhöhung um einen im wesentlichen wieder additiven Betrag muß in erster Linie auf den größeren Reibungseinfluß beim Profilwalzen zurückgeführt werden.
Um die Geometriekenngröße F_d/F_m auch beim Walzen im Kaliber einfach bestimmbar zu machen, wurde der Zusammenhang zwischen den im Versuch

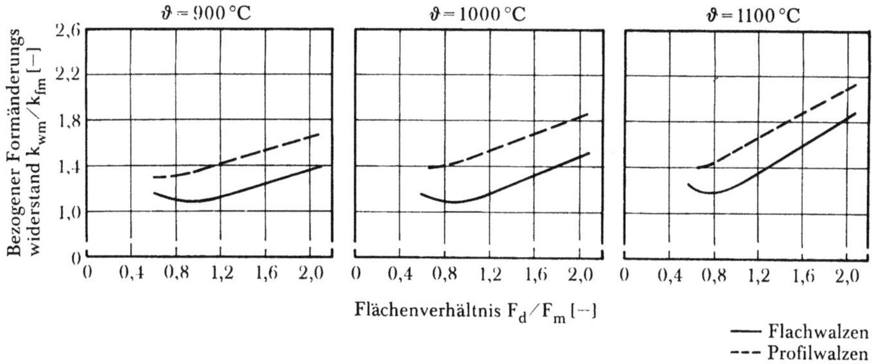

Abb. 11 Vergleich zwischen Profil- und Flachwalzen bei unterschiedlichen Walztemperaturen für Stahl C 45

bestimmten und den rechnerisch ermittelten Flächenverhältnissen überprüft. Für die Berechnung wurde der Profilquerschnitt in ein flächengleiches Rechteck mit gleicher Breite umgewandelt und somit das Kaliberwalzen auf einen gleichwertigen Flachwalzfall zurückgeführt. Abb. 12 zeigt die Ergebnisse dieses Vergleichs. Die Versuchswerte gelten für verschiedenartige Kaliberformen, wobei jede Kaliberform mehrfach belegt ist. Sie streuen höchstens $\pm$ 10% um eine Ausgleichslinie, die wieder nach der Methode der kleinsten quadratischen Abweichungen ermittelt wurde.

Zur besseren Veranschaulichung wurde unter einem Winkel von 45° zu den Koordinatenachsen gestrichelt eine Gerade eingezeichnet, die für den Fall gelten würde, daß das gemessene Flächenverhältnis F_d/F_m gleich dem berechneten Flächenverhältnis F_d/F_m wäre. Bei kleinen Flächenverhältnissen macht man demnach einen größeren Fehler als bei großen, wenn die Geometriekenngröße in der angegebenen Weise rechnerisch bestimmt wird. Die Abweichungen liegen im untersuchten Bereich zwischen etwa 15 und 30%.

Die Flächenverhältnisse F_d/F_m und F_d^*/F_m lassen sich nach den vorliegenden Ergebnissen in folgenden empirischen Zusammenhang bringen

$$F_d/F_m = 0{,}9\, F_d^*/F_m - 0{,}1\,, \tag{12}$$

so daß die Geometriekenngröße F_d/F_m auch beim Kaliberwalzen hinreichend genau ohne Versuche zu bestimmen ist.

In den beschriebenen Untersuchungen zum Formänderungswiderstand beim Walzen in Streckkalibern wurde bewußt auf den Versuch einer mehr plastizitätstheoretischen Behandlung des Problems verzichtet, da dies bei den verwickelten geometrischen und kinematischen Verhältnissen des Profilwalzens von vornherein aussichtslos erschien. Statt dessen erwies sich die empirische Lösung auf der Grundlage der Ähnlichkeitsmechanik [17] als vorteilhaft, da bei derartigen Betrachtungen des Umformvorgangs einfache Kenngrößen verwendet werden können, die auch beim Profilwalzen den Einfluß der Walzgeometrie auf den

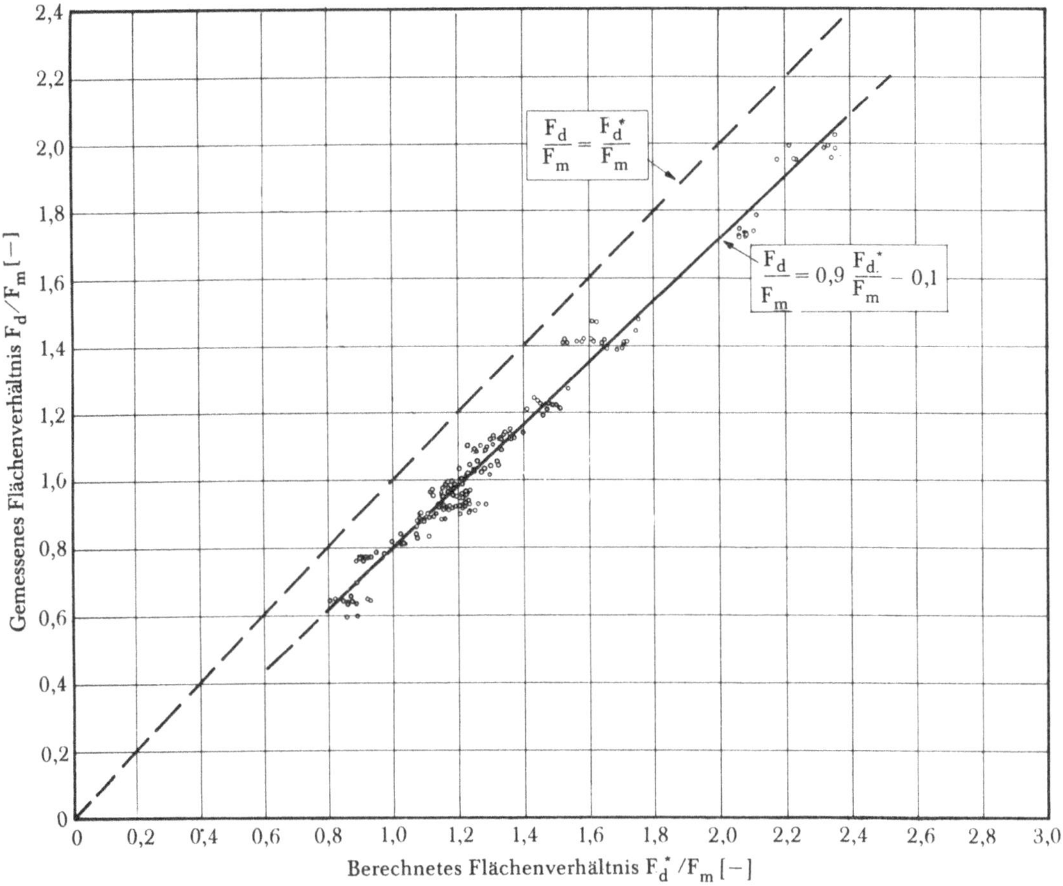

Abb. 12 Vergleich zwischen gemessenem Flächenverhältnis F_d/F_m und berechnetem Flächenverhältnis F_d^*/F_m für Stahl C 45

Formänderungswiderstand recht umfassend beschreiben, wie die Versuchsergebnisse gezeigt haben. Im Anschluß daran erscheint es der Nachprüfung wert, inwieweit noch kompliziertere Formen wie Winkel- oder Trägerprofile ähnlichen Gesetzmäßigkeiten gehorchen. Es besteht berechtigte Aussicht, daß auch dafür befriedigende Lösungen zu finden sind. Dabei ist es nicht unbedingt erforderlich, das hier gewählte Flächenverhältnis als kennzeichnende Größe zu benutzen; entscheidend ist nur, daß die den Umformvorgang am besten kennzeichnenden Flächen richtig erkannt werden.

3. Antriebsmoment

Die erhaltenen Ergebnisse zum Formänderungswiderstand beim Kaliberwalzen ermöglichen die Vorausberechnung von *Walzkräften*. Für die Auslegung von Walzstraßen ist außerdem noch die Kenntnis der zu erwartenden *Drehmomente* an den Antriebsspindeln erforderlich.

Um von der Walzkraft auf das zugehörige Antriebsmoment schließen zu können, muß bekannt sein, mit welchem Hebelarm die Walzkraft an den Walzen angreift. Nach einer Definition von G. Wallquist [24] wird der Hebelarm a zur gedrückten Länge l_d im Walzspalt ins Verhältnis gesetzt und dieses Verhältnis mit Hebelarmbeiwert bezeichnet:

$$k_x = \frac{a}{l_d} \,. \tag{13}$$

Versuchsergebnisse an Warmwalzstraßen ergaben Hebelarmbeiwerte zwischen 0,35 und 0,9. Häufig verwendet man $k_x = 0{,}5$; das bedeutet, daß der Kraftangriff genau in der Mitte der gedrückten Länge angenommen wird. Bei Flachwalzvorgängen hat sich diese Annahme im großen und ganzen bestätigt, da die Hebelarmbeiwerte an Walzstraßen mit Wälzlagern zwischen etwa 0,4 und 0,6 liegen [25]. Im folgenden sollen nun Überlegungen zur Berechnung des Drehmoments für das Kaliberwalzen angestellt werden. Setzt man die durch die Spindeln zugeführte Leistung gleich der Umformleistung im Walzspalt, dann ist

$$M_d \omega = \frac{k_{wm} V \varphi_h}{t} \tag{14}$$

(M_d = Gesamtdrehmoment an den Spindeln, ω = Winkelgeschwindigkeit der Spindeln und Walzen, V = Volumen, t = Umformzeit des Volumens V, φ_h = logarithmische Formänderung in Höhenrichtung).

Das in der Zeiteinheit umgeformte Volumen $\dfrac{V}{t}$ ist

$$\frac{V}{t} = Fv \tag{15}$$

(v = Geschwindigkeit des Walzguts, F = Querschnitt des Walzguts) oder unter Einsetzen der Werte für den Walzspaltaustritt

$$\frac{V}{t} = F_1 v_1 . \tag{16}$$

Die Austrittsgeschwindigkeit v_1 wurde in Laborversuchen gemessen (vgl. Abschnitt 4 und 6 g). Setzt man Gleichung (16) in (14) ein und schreibt für die Winkelgeschwindigkeit

$$\omega = \frac{v_u}{r_B} \tag{17}$$

(v_u = Umfangsgeschwindigkeit am Walzballen, r_B = Walzballenradius), dann erhält man

$$M_d = \frac{k_{wm} F_1 v_1 \varphi_h r_B}{v_u} \tag{18}$$

Die logarithmische Höhen-Formänderung φ_h läßt sich für das Kaliberwalzen dadurch bestimmen, daß man die Anfangs- und Endquerschnitte des Walzgutes in flächengleiche Rechtecke umwandelt und dann mit deren Höhen wie beim Flachwalzen weiterrechnet.

Ein Vergleich zwischen gemessenen und nach Gleichung (18) berechneten Drehmomenten ist in Abb. 13 oben dargestellt. Das berechnete Moment muß als reines Verformungsmoment angesehen werden, da Lagerverluste bei dieser Art der Berechnung unberücksichtigt bleiben. Für Wälzlager sind die Verluste jedoch vernachlässigbar klein, so daß die Rechenwerte dann auch als Antriebsmomente gelten können. Die Übereinstimmung zwischen Meß- und Rechenwerten ist gut. Ein Einfluß der verschiedenen Kaliberformen auf die Streuung ist wiederum nicht zu erkennen.

Für praktische Belange, bei denen die Auslaufgeschwindigkeit v_1 meistens unbekannt ist, kann beim Walzen in Streckkalibern in erster Näherung auch die Ballenumfangsgeschwindigkeit v_u in die Berechnung eingesetzt werden. Statt Gleichung (18) ergibt sich dann für das Drehmoment

$$M_d = k_{wm} F_1 \varphi_h r_B \tag{19}$$

Danach bestimmte Rechenwerte lassen nach Abb. 13 unten eine ähnlich gute Übereinstimmung mit Meßwerten erkennen wie die Ergebnisse nach Gleichung (18). Damit ist eine Möglichkeit gegeben, mit geringem mathematischem Aufwand Antriebsmomente für das Walzen in Streckkalibern mit Hilfe des Formänderungswiderstandes und der Walzgeometrie vorauszuberechnen.

Im folgenden soll der schon erwähnte *Hebelarmbeiwert*, der beim Flachwalzen vielfach zu Antriebsmomentberechnungen verwendet wird, für das Kaliberwalzen etwas näher untersucht werden. Aus Gleichung (18) folgt mit a für den Hebelarm der Walzkraft P_w

$$2\,P_w a = k_{wm} \varphi_h r_B F_1 \frac{v_1}{v_u} \tag{20}$$

$$2\,k_{wm} F_d a = k_{wm} \varphi_h r_B F_1 \frac{v_1}{v_u} \tag{21}$$

$$a = \frac{1}{2} \frac{F_1}{F_d} \frac{v_1}{v_u} r_B \; \varphi_h . \tag{22}$$

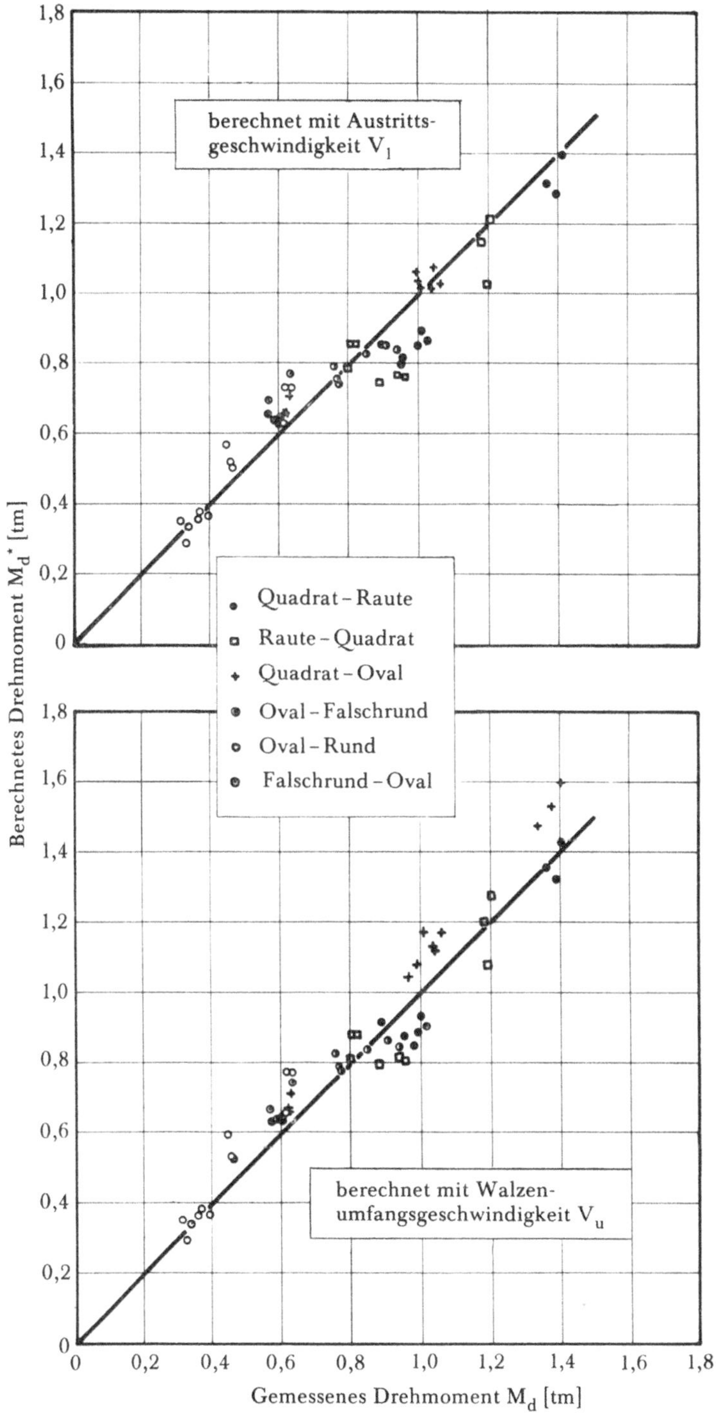

Abb. 13 Vergleich zwischen berechnetem Drehmoment M_d^* und gemessenem Drehmoment M_d

Beim Flachwalzen ist der Hebelarmbeiwert k_x das Verhältnis von Hebelarm a zu gedrückter Länge l_d. Für das Kaliberwalzen soll hier an Stelle von l_d die mittlere gedrückte Länge l_{dm} eingesetzt werden

$$k_x = \frac{a}{l_{dm}} = \frac{1}{2} \frac{F_1}{F_d} \frac{v_1}{v_u} \frac{r_B}{l_{dm}} \varphi_h . \tag{23}$$

Daraus geht deutlich die Geometrieabhängigkeit des Hebelarmbeiwertes hervor. Läßt man einen bewußten Fehler bis etwa 6% zu, können Auslaufgeschwindigkeit v_1 und Umfangsgeschwindigkeit v_u gleichgesetzt werden. Bei einer solchen Annahme wird k_x aus reinen Geometriegrößen berechnet.
Nach Gleichung (23) ist k_x dem Verhältnis F_d/F_1 umgekehrt proportional. Mit einer ähnlichen Größe, nämlich dem Verhältnis F_d/F_m, wurde schon bei den Untersuchungen über den Formänderungswiderstand der Einfluß der Umform-

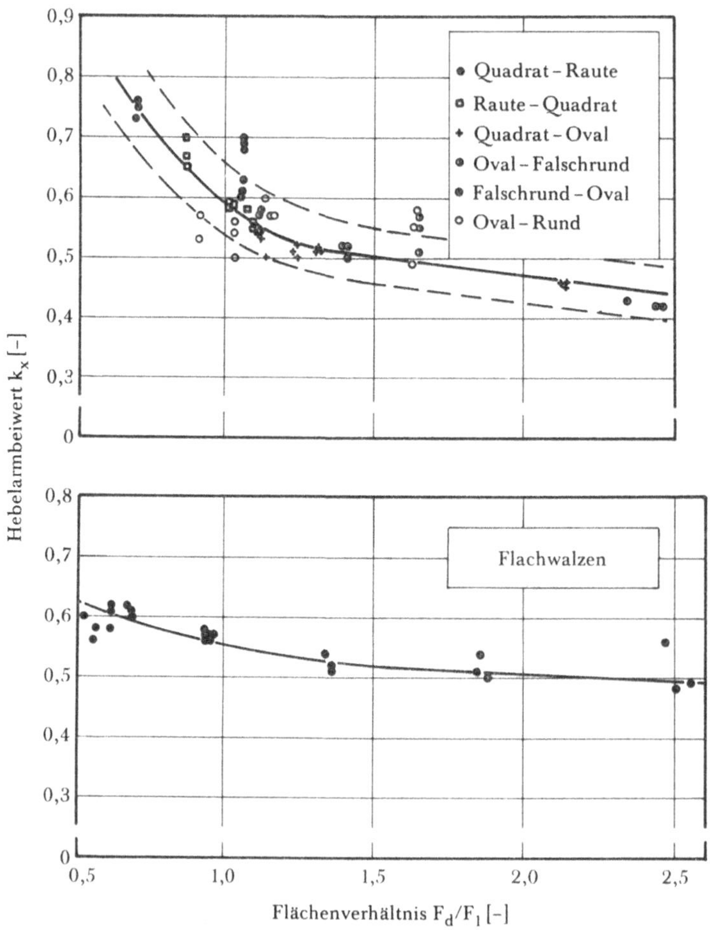

Abb. 14 Abhängigkeit des Hebelarmbeiwerts k_x vom Flächenverhältnis F_d/F_1

geometrie befriedigend beschrieben. Man darf daher auch in Bezug auf den Hebelarmbeiwert einen überwiegenden Einfluß des Flächenverhältnisses F_d/F_1 erwarten. In Abb. 14 ist deshalb der gemessene Hebelarmbeiwert k_x als Funktion von F_d/F_1 dargestellt. Dazu sei bemerkt, daß die k_x-Werte aus Meßwerten für Walzkraft und Drehmoment nach der Beziehung

$$k_x = \frac{M_d}{2\,P_w l_{dm}} \tag{24}$$

ermittelt wurden.

Die Hebelarmbeiwerte sinken mit wachsendem Verhältnis F_d/F_1 anfangs stark und dann etwas weniger ab. Dies gilt für das Flach- und das Profilwalzen, wobei allerdings beim Profilwalzen im Bereich zwischen $F_d/F_1 = 0{,}5$ bis 1,2 eine größere Abnahme des Hebelarmbeiwerts als beim Flachwalzen festzustellen ist. Für das Walzen im Kaliber erhält man ein Streuband von rd. $\pm$ 10%. Die Ergebnisse für das Flachwalzen streuen dagegen in wesentlich engeren Grenzen. Für den untersuchten Geometriebereich wurden beim Kaliberwalzen Hebelarmbeiwerte von etwa 0,4 bis 0,75, beim Flachwalzen von etwa 0,5 bis 0,6 gefunden.
Nach diesen Ergebnissen kann der Hebelarmbeiwert bei entsprechender Berücksichtigung der Walzgeometrie auch beim Profilwalzen zur Bestimmung der Antriebsmomente herangezogen werden, indem für ein gegebenes Flächenverhältnis F_d/F_1 der Hebelarmbeiwert einer Ausgleichskurve entnommen (Abb. 14) und bei Kenntnis der zu erwartenden Walzkraft das Antriebsmoment nach der Gleichung

$$M_d = 2\,P_w l_{dm} k_x \tag{25}$$

bestimmt wird.

Zusammenfassend geht aus diesen Betrachtungen hervor, daß die Antriebsmomente beim Walzen in Streckkalibern aus Walzgeometrie und Formänderungswiderstand befriedigend genau vorausberechnet werden können. Die angestellten Überlegungen gelten sinngemäß auch für das Flachwalzen.

4. Voreilung

Die Voreilung $\varkappa$ des Walzgutes ist als das Verhältnis

$$\varkappa = \frac{v_1 - v_u}{v_u} \tag{26}$$

definiert, wobei v_u die Walzenumfangsgeschwindigkeit und v_1 die Walzgutaustrittsgeschwindigkeit bezeichnen.

In der Walzwerkstechnik möchte man mit Hilfe des Voreilungswertes die Geschwindigkeit des Walzgutes am Walzenaustritt im voraus bestimmen, da die Kenntnis der Auslaufgeschwindigkeit für eine Reihe von Anwendungsfällen besonders wichtig erscheint, z. B. für die Geschwindigkeitsabstufung an kontinuierlichen Walzstraßen oder für die Steuerung von mitlaufenden Scheren. Auch beim Walzen in periodischen Kalibern ist die genaue Einhaltung einer bestimmten Walzgutgeschwindigkeit wichtig für die Maßhaltigkeit des Erzeugnisses.

Die umformtechnische Forschung interessiert dagegen ein genauer Wert der Voreilung mehr zur besseren Bestimmung einiger schwer zugänglicher Größen beim Umformvorgang wie beispielsweise Reibungsbeiwert und Fließscheidenwinkel. Sind beim Flachwalzen die Voreilung, der Walzendurchmesser und die Anfangs- und Endhöhe des Walzgutes bekannt, läßt sich nach Ansätzen im Schrifttum [26, 27] sowohl der Fließscheidenwinkel als auch der mittlere Reibungsbeiwert ermitteln.

In zahlreichen Untersuchungen ist die Voreilung beim Warm- und Kaltwalzen auf der flachen Bahn gemessen worden. Eine Reihe dieser Arbeiten beschränkt sich nicht allein auf die Messung der Voreilung, sondern befaßt sich eingehend mit den verschiedenen Größen, die die Voreilung verändern. Dabei wurde der Einfluß der Temperatur, der Stichabnahme, des Höhen-Durchmesser-Verhältnisses, der Stahlzusammensetzung und des Oberflächenzustandes von Walze und Walzgut u. a. von A. Pomp und G. Weddige [28], E. Siebel und E. Fangmeier [29] und von A. Pomp und W. Lueg [30] untersucht.

L. R. Underwood [26] und H. Hoff und Th. Dahl [27] erklären rechnerisch die Zusammenhänge zwischen Voreilung, Höhenabnahme, Höhen-Durchmesser-Verhältnis und Reibungsbeiwert. Danach nimmt die Voreilung, wie in Abb. 15 dargestellt, mit steigenden Reibungsbeiwerten zu, und der Maximalwert der Voreilung wird zu höheren Stichabnahmen hin verschoben.

Das jeweilige Maximum liegt bei *der* Stichabnahme, bei der das Walzgut gerade noch ohne zusätzliche Hilfe in den Walzspalt eingezogen wird. Ähnliche Darstellungen aus Versuchsergebnissen ordnen sich gut in die rein rechnerisch ermittlte Abhängigkeit ein. In Abb. 16 erkennt man, daß das Maximum der Vor-

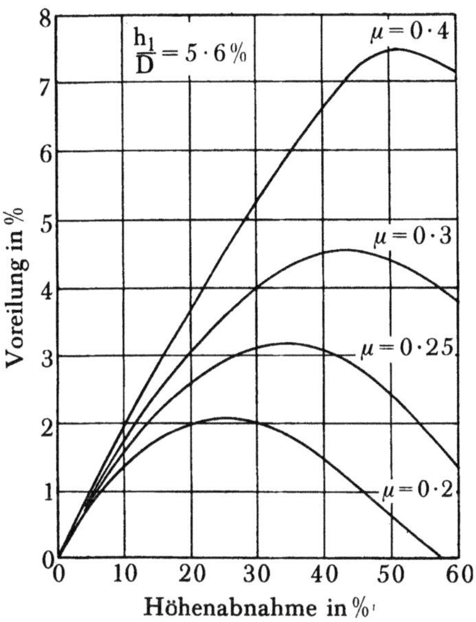

(n. L.R. Underwood)

Abb. 15 Abhängigkeit der Voreilung von der Höhenabnahme bei unterschiedlichen Reibungsbeiwerten

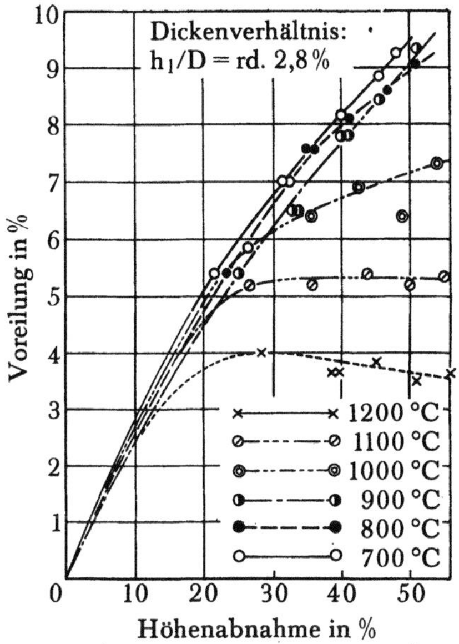

(n. E. Siebel und E. Fangmeier)

Abb. 16 Abhängigkeit der Voreilung von der Höhenabnahme bei unterschiedlichen Walztemperaturen

eilung bei einigen Versuchsreihen schon überschritten ist, obwohl der Probestab ohne äußere Hilfe in den Walzspalt gezogen wurde. Dies erklärt sich vermutlich aus unterschiedlichen Reibungsbeiwerten innerhalb einer Versuchsreihe, wie sie z. B. durch Temperaturschwankungen hervorgerufen werden können. Insgesamt betrachtet scheint der Verlauf der Voreilung gut durch die Darstellung nach Abb. 15 beschrieben zu sein.

Der Einfluß der Temperatur auf die Voreilung wird noch einmal durch Versuchsergebnisse nach Abb. 17 bestätigt. Man kann annehmen, daß die Temperatur die Voreilung hauptsächlich über den Reibungsbeiwert μ beeinflußt, denn bei gleichen geometrischen Verhältnissen ist die Voreilung für einen ideal plastischen Körper rechnerisch nur von der Reibungszahl im Walzspalt abhängig. Durch Einsetzen der folgenden Gleichung (27) in Gleichung (28) geht der Zusammenhang von Reibungsbeiwert μ und der Voreilung $\varkappa$ klar hervor [31, 32].

$$\psi = \sqrt{\frac{h_0 - h_1}{2\,D}} - \frac{1}{\mu} \cdot \frac{h_0 - h_1}{2\,D} \tag{27}$$

(ψ = Fließscheidenwinkel im Bogenmaß)

$$\varkappa = (1 - \cos\psi) \cdot \left(\frac{D \cos\psi}{h_1} - 1\right) \tag{28}$$

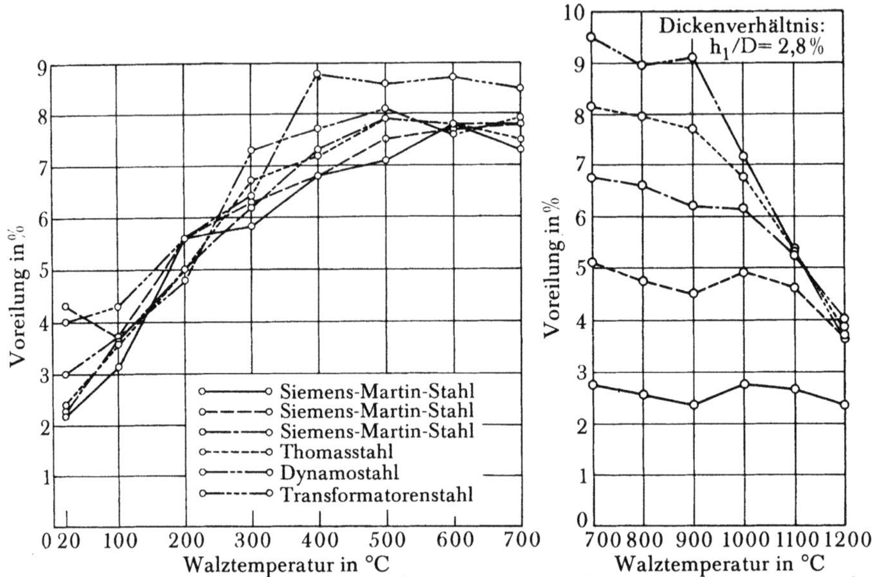

(nach A. Pomp u. W. Lueg) (nach E. Siebel u. E. Fangmeier)

Abb. 17 Abhängigkeit der Voreilung von der Temperatur bei verschiedenen Versuchsstählen

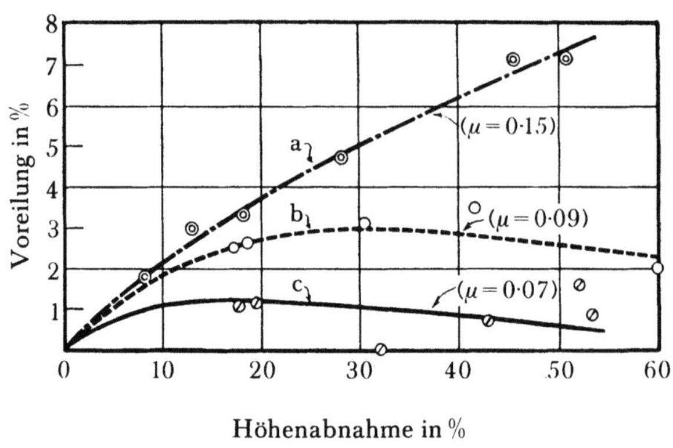

a) künstlich gerauhte Walzen, trocken
b) glatte, trockene Walzen
c) glatte, geschmierte Walzen

b = 30 mm; v = 36 U/min;
h_1 = 2 mm; D = 1848 mm
(nach A. Pomp u. W. Lueg)

Abb. 18 Abhängigkeit der Voreilung von der Höhenabnahme bei unterschiedlichen Reibbedingungen an den Berührflächen zwischen Walze und Walzgut

Allgemein betrachtet haben alle Größen, die die Reibungsbedingungen zwischen Walzen und Walzgut verändern, auch einen Einfluß auf die Voreilung. Dazu gehört die schon erwähnte Temperatur und die Oberflächenbeschaffenheit von Walzgut und Walzen. Ob man z. B. rauhe oder glatte oder wie beim Kaltwalzen geschmierte Walzen benutzt, ist sehr ausschlaggebend für die Größe der Voreilung. A. Pomp und W. Lueg [33] bestätigen durch Versuche mit unterschiedlichen Reibbedingungen an den Berührflächen zwischen Walzen und Walzgut die Bedeutung der Oberflächenverhältnisse für die Voreilung. Die Ergebnisse sind in Abb. 18 wiedergegeben.

In derselben Arbeit ermitteln A. Pomp und W. Lueg [33] beim Kaltwalzen mit Schmierung schließlich noch eine Abhängigkeit der Voreilung von der Vorverfestigung des Walzguts, in dem Sinne, daß die Voreilung mit zunehmender Vorverfestigung ansteigt. In diesem Zusammenhang sei darauf verwiesen, daß bei der Warmformgebung die Formänderungsfestigkeit k_f durch die Formänderungsgeschwindigkeit verändert und somit der Spannungszustand im Walzspalt und möglicherweise auch die Voreilung beeinflußt werden.

Die Auswirkungen der aufgeführten Einflüsse auf die Voreilung lassen sich schließlich durch Überlagerungen von Zug am Walzgut stark ändern, da sich hierdurch eine andere Spannungsverteilung im Walzspalt einstellt.

Im folgenden sollen Überlegungen zur Bestimmung einer Voreilgröße beim Kaliberwalzen angestellt werden. Für das Flachwalzen kann angenommen werden, daß der Fließscheidenwinkel über der Breite des Walzguts gleich ist, wenn die geometrischen Verhältnisse und die Reibbedingungen über der Walzgutbreite gleich sind. Unübersichtlicher und verwickelter sind die Zusammenhänge beim Walzen im Kaliber. Hierbei ändern sich zumindest die geometrischen Bedingungen über der Kaliberbreite, weil Höhenabnahme und Höhen-Durchmesser-Verhältnis über der Walzgut- bzw. Kaliberbreite verschieden sind. Der Fließscheidenwinkel nimmt somit beim Kaliberwalzen über der Walzgutbreite unterschiedliche Werte an. Da die Walzenumfangsgeschwindigkeit über der Kaliberbreite auf Grund unterschiedlicher Durchmesser nicht konstant ist, erscheint es zur Ermittlung der Voreilung schwierig, eine sinnvolle Bezugsgeschwindigkeit für die Austrittsgeschwindigkeit des Walzgutes zu definieren, will man nicht auf eine mittlere Geschwindigkeit zurückgreifen, die man wieder durch Umrechnen des Profilwalzfalls in einen zugeordneten Flachwalzfall erhält.

Eine mögliche Lösung ist das Beziehen der Walzgutaustrittsgeschwindigkeit auf die Walzenumfangsgeschwindigkeit am Walzenballen. Man erhält so folgende dimensionslose Größe

$$k_v = \frac{v_1}{r_B \omega} \tag{29}$$

(v_1 = Walzgutaustrittsgeschwindigkeit, r_B = Walzenradius am Ballen, ω = Winkelgeschwindigkeit).

Dieser Ausdruck ist zwar der mit Gleichung (26) definierten Voreilungsgröße nicht unmittelbar gleichzusetzen, ist jedoch sinngemäß als ein Voreilungskennwert für das Kaliberwalzen anzusehen. Vorteilhaft für das Rechnen mit dieser

Kenngröße ist, daß Ballenradius r_B und Winkelgeschwindigkeit ω genau vorgegebene Größen sind und auf die Bildung von irgendwelchen Mittelwerten für den Walzenhalbmesser bzw. die Walzenumfangsgeschwindigkeit verzichtet werden kann.

Wie Theorie und Versuchsergebnisse bestätigen, hängt die Voreilung in erster Linie von Geometrie und Reibungseinflüssen ab. Zur Kennzeichnung der Walzgeometrie im Kaliber verwendet man, wie oben ausführlich gezeigt, am besten das Verhältnis aus gedrückter Fläche F_d und mittlerer Walzgutquerschnittfläche F_m. Um die Abhängigkeit der Voreilkenngröße von der Umformgeometrie beim Kaliberwalzen zu zeigen, wurden Versuche durchgeführt, bei denen die Walztemperatur mit 1000 °C, der Werkstoff der Proben und die Oberflächenrauheit der einzelnen Kaliber möglichst gleichgehalten wurden. Die Reibung konnte somit als ungefähr konstant angenommen werden. Die Versuchsergebnisse sind in Abb. 19 dargestellt. Man erkennt deutlich den starken Einfluß der Geometrie auf die Voreilkenngröße. Überraschend ist, daß sich die Voreilkennwerte sämtlicher untersuchter Kaliberformen gut in diese Abhängigkeit einfügen. Auch innerhalb des Streubandes ist für keine Kaliberform eine bestimmte Tendenz festzustellen.

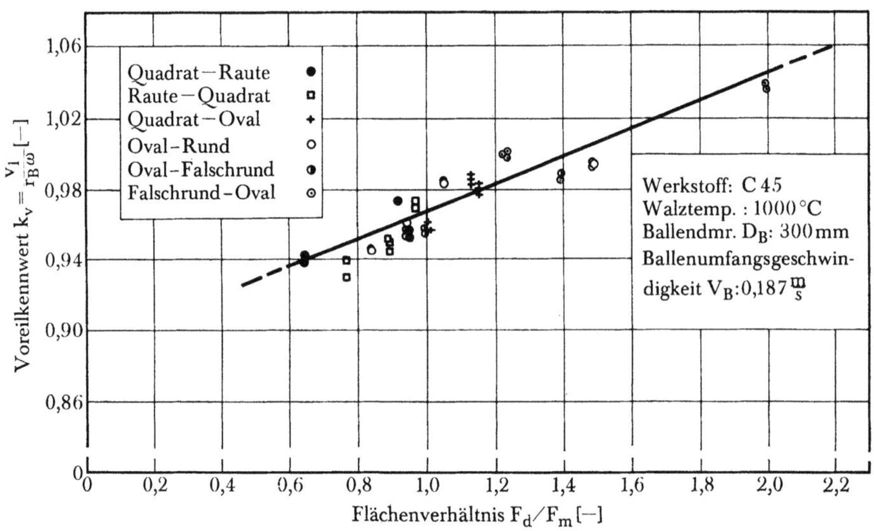

Abb. 19 Abhängigkeit des Voreilkennwerts k_v vom Flächenverhältnis F_d/F_m

Ein Einfluß der Walzgeschwindigkeit auf den Voreilkennwert konnte bei einer Steigerung der Walzenumfangsgeschwindigkeit auf das 9fache im hier untersuchten Geschwindigkeitsbereich nicht festgestellt werden, denn die in Abb. 19 eingetragenen Voreilkennwerte für die Flächenverhältnisse von rd. 1,4, 1,5 und 2,0 wurden sowohl bei Ballenumfangsgeschwindigkeiten von 0,187 m/s als auch von 1,66 m/s erhalten.

In welchem Ausmaß sich Änderungen der Temperatur, der Stahlzusammensetzung und des Walzendurchmessers auf die Voreilkennzahl auswirken, muß späteren Untersuchungen vorbehalten bleiben. Hier sollte nur grundsätzlich im Versuch nachgewiesen werden, daß auch die als verwickelt angesehene Voreilung beim Walzen im Kaliber durch eine dimensionslose Geometriekenngröße befriedigend beschrieben werden kann.

Im Zusammenhang mit der Voreilung sei noch eine kurze Betrachtung über den sogenannten *arbeitenden Durchmesser* angeschlossen. Definitionsgemäß ist der arbeitende Durchmesser derjenige Walzendurchmesser, dessen Umfangsgeschwindigkeit gleich der Austrittsgeschwindigkeit des Walzguts ist [34]. Als Durchmesser ist er eine rein geometrische Größe. Nimmt man jedoch zwei Walzfälle an, bei denen Walzendurchmesser, eingestellter Walzspalt und Anfangsdicke des Walzguts gleich groß sind, so kann man trotzdem unterschiedliche arbeitende Durchmesser auf Grund unterschiedlicher Reibverhältnisse erhalten, wenn unterschiedliche Walztemperatur, Stahlzusammensetzung oder Oberflächenrauheit an Walzgut oder Walze vorliegen. Trotz *gleichbleibender Walzgeometrie* sind demnach unendlich viele arbeitende Durchmesser möglich. Dieses Verhalten macht das Vorausberechnen des arbeitenden Durchmessers nicht weniger schwierig als die Berechnung der Voreilung. Es erscheint aus verschiedenen Gründen sinnvoller, bei Überlegungen über die Walzgutaustrittsgeschwindigkeit zweckmäßiger mit der Voreilung statt mit dem arbeitenden Durchmesser zu rechnen.

Die Überlegungen über das Voreilen haben erbracht, daß zwar der Geometrieeinfluß auf die Voreilung recht gut erfaßt werden kann, daß es jedoch schwierig ist, die Reibung genau zu berücksichtigen, und daß man daher kaum Voreilwerte für jeden beliebigen Walzfall im voraus bestimmen kann. Da sich zahlreiche Einflußgrößen überlagern können, die sich zudem oft auch noch während des Umformvorganges verändern, empfiehlt es sich, Voreilungsvorausberechnungen nur mit sehr großer Vorsicht, unter ausreichender Berücksichtigung der verschiedenen Einflußgrößen, vorzunehmen.

5. Werkstofffluß

Zum besseren Verständnis von Umformvorgängen ist man einmal interessiert an den Kräften, die zwischen Werkzeug und Werkstück auftreten, zum anderen an den Stoffverschiebungen, die während eines solchen Formgebungsprozesses erfolgen. Ist z. B. nach einem Umformvorgang nur die *Verzerrung* eines Volumenelements und nicht der genaue *Fließweg* des Teilchens bekannt, so darf nicht unbedingt angenommen werden, diese Verzerrung sei auf dem energetisch günstigsten Wege zustande gekommen. Mit dieser Annahme ist immer eine Unterschätzung des Kraft- und Arbeitsbedarfs verbunden.

Im einschlägigen Schrifttum findet man deshalb zahlreiche Untersuchungen, die sich mit dem Werkstofffluß bei Umformvorgängen beschäftigen. Dabei hat man sich verschiedener Versuchsmethoden bedient. Häufig verwendet man Stifte oder Schrauben, die so in den Probekörper eingebracht werden, daß durch deren Verzerrungen Rückschlüsse auf den Werkstofffluß gezogen werden können. Solche Versuche wurden u. a. von A. Hollenberg [35] und N. Metz [36] beim Walzen durchgeführt. A. Hollenberg [35] verwendete Stahlstifte, die senkrecht zur Walzoberfläche der Probe eingesetzt wurden. Beim Walzen wurden die Stifte entgegengesetzt zur Walzrichtung gebogen, und zwar derart, daß die inneren Bereiche der Probe gegenüber den Oberflächenzonen zurückblieben.

N. Metz [36] benutzte Schrauben an Stelle von Stiften. Die Änderung der Gewindesteigung der Schrauben wurde als Maß für die Verformung in verschiedenen Höhen der Probe herangezogen. Die Durchbiegung der Schraubenachse zeigte die Art des Stoffflusses an. Diese Untersuchungen wurden für verschiedene beim Walzen übliche Querschnitte durchgeführt. Einige Versuchsergebnisse lassen besonders deutlich den Einfluß des Formänderungsgrads und der Temperatur erkennen. Die Abb. 20a und 20b zeigen Proben, die Höhenabnahmen von 7,6% bzw. 48,7% erfahren haben. Die höhere Stichabnahme bewirkte demnach eine wesentlich stärkere Biegung der Schraubenachse, wogegen bei der sehr niedrigen Abnahme eine ganz leichte Biegung in entgegengesetzter Richtung festzustellen ist. Besonders aufschlußreich ist das Ergebnis aus Abb. 21. Es sind Proben im Schnitt gezeigt, die bei 1150°C (Abb. 21a) bzw. 950°C (Abb. 21b) gewalzt wurden. Beide Proben hatten eine Anfangshöhe von 29,8 mm. Die Höhenabnahmen waren in beiden Fällen mit 36% und 31,8% annähernd gleich. Deutlich erkennt man die starke Biegung der Schraube in der Probe, die bei 950°C verformt wurde, während im anderen Falle nur eine sehr leichte Biegung zu bemerken ist. Aus diesen Ergebnissen folgt, daß höhere Stichabnahmen den Werkstofffluß ähnlich wie niedrigere Walztemperaturen beeinflussen können.

Eine andere Möglichkeit, den Stofffluß erkennbar zu machen, besteht darin, ein quadratisches Netzwerk in verschiedene Flächen eines Probekörpers einzukerben

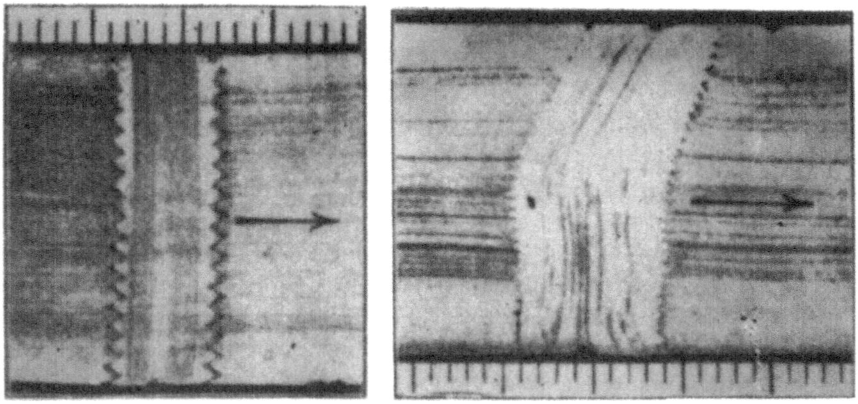

a
Höhenabnahme 7,6%

b
Höhenabnahme 48,7%

Walztemperatur 1020 °C

Abb. 20 Werkstofffluß an Stahlproben nach N. METZ

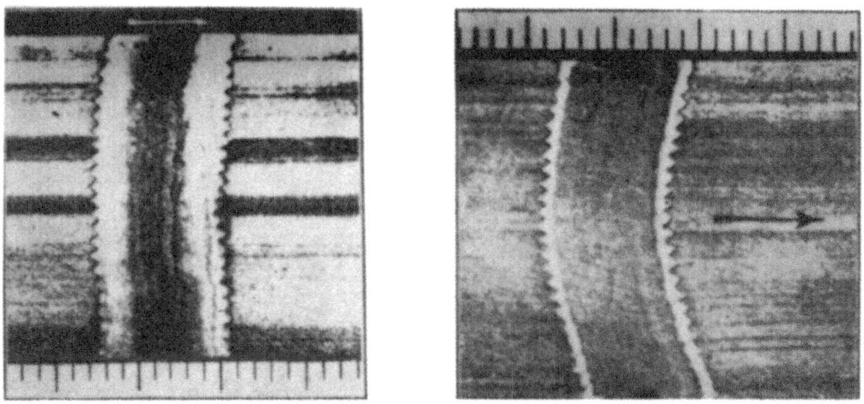

a
Höhenabnahme 36%
Walztemperatur 1150 °C

b.
Höhenabnahme 31,8%
Walztemperatur 950 °C

Abb. 21 Werkstofffluß an Stahlproben nach N. METZ

und die Veränderung dieses Netzes beim Durchlaufen der Umformzone zu verfolgen. N. METZ [36] und besonders S. EKELUND [32] führten zahlreiche Versuche dieser Art durch. Prinzipiell wurden die gleichen Ergebnisse erhalten, wie man sie auch bei den schon beschriebenen Versuchen mit Schrauben und Stiften gefunden hatte. Es wurde festgestellt, daß sich mit größerer Stichabnahme die senkrechten Netzlinien stärker durchbogen, sich die senkrechten Linien schon vor dem Eintritt in den Walzspalt verformten, die Durchbiegung im weiteren Verlauf der Umformung wahrscheinlich im Bereich der Fließscheide ein Maximum erreichte, und dann wieder bis zum Walzspaltende etwas zurückging.

G. Sachs [37] untersuchte den Werkstofffluß beim Pressen, indem er die Proben in einer Symmetrieebene schnitt und in eine der Schnittebenen ein quadratisches Netzwerk einhobelte. Um die eingebrachten Markierungen nach dem Versuch anschaulich verfolgen zu können, wurden sie beim Warmpressen mit Graphit oder beim Kaltpressen mit Mennige gefüllt. Da sich während des Pressvorgangs das eingekerbte Netz auf der sich anpressenden, unbearbeiteten Fläche ohne Verschiebung abdrückte, werden in dieser Ebene größtenteils Druckspannungen und keine Schubspannungen herrschen. Es erscheint daher zulässig, den Probekörper zur Bestimmung des Stoffflusses in Symmetrieebenen aufzuteilen. Auch H. Unkel [38] führte derartige Versuche an Aluminiumproben beim Walzen durch, nachdem die Proben in Längsrichtung mittig geteilt und auf den Schnittflächen mit einem Gitternetz versehen worden waren. Die Probenhälften wurden während des Verformungsvorgangs durch Bolzen fest zusammengehalten. L. Weiss [39] fand, daß horizontale parallele Linien eines Netzwerks gleichen Abstands bei der Umformung parallel bleiben und gleichen Abstand voneinander behalten, abgesehen von den äußersten, die nach der Verformung dichter beieinander liegen als die in den mittleren Bereichen.

E. Siebel und H. Hühne [40], P. Ludwik [41] sowie E. Siebel und E. Osenberg [42] untersuchten in ähnlicher Weise den Materialfluß an Kupfer- und Aluminiumproben.

Beliebt für die Untersuchung des Stoffflusses sind auch Modellwerkstoffe wie Blei oder Plastilin, die sich für den Vergleich mit schmiedewarmem Stahl besonders gut eignen. H. Tresca [43] und A. v. Obermeyer [44] führten umfangreiche Untersuchungen an geschichteten Körpern von Blei und keramischen Massen bei Raumtemperatur durch. Versuche von H. Unkel [45] an Plastilin stehen in Übereinstimmung mit denen von H. Tresca [43]. E. Orowan [46] untersuchte den Stofffluß geschichteter Plastilinproben beim Flachwalzen zwischen Holzrollen.

In neuerer Zeit wurden Versuche von K. Brill [47] beim Pressen im Gesenk angestellt. Dabei wurden umgeformte Gitter von Stahl- und Plastilinproben in verschiedenen Stauchstufen gegenübergestellt. Das Fließverhalten beider Werkstoffe stimmt danach gut überein.

In der Umformtechnik haben sich Modellversuche als wichtiges Hilsmittel herausgestellt, um Aussagen über Formänderungen machen zu können. Die bislang durchgeführten Versuche über den Werkstofffluß haben gezeigt, daß sich der Modellwerkstoff Plastilin recht gut für den Vergleich mit schmiedewarmem Stahl eignet, denn die Bahnkurven der einzelnen Teilchen einer Plastilinprobe kommen beim Umformen denen von Stahl sehr nahe [47]. Für die Untersuchung des Stoffflusses beim Walzen in Kalibern erschien es daher sinnvoll, neben markierten Stahl- und Bleiproben bevorzugt Plastilin als Versuchswerkstoff zu verwenden.

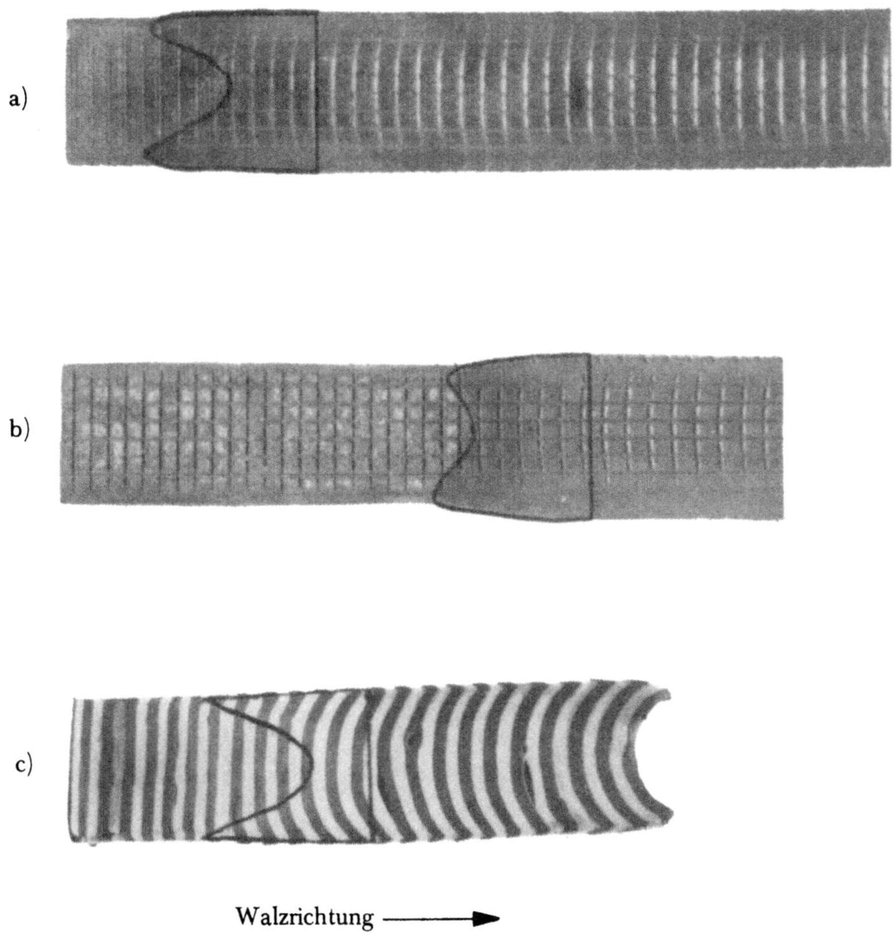

a) Bleiprobe, bei Raumtemperatur umgeformt
b) Stahlprobe, bei 1000 °C umgeformt
c) Plastilinprobe, bei Raumtemperatur umgeformt

Abb. 22 Stecker bei einem Quadrat-Oval-Stich

Bei einem Quadrat/Oval-Stich sollten für je eine Stahl- und eine Bleiprobe mit eingehobeltem Gitternetz und einer in zwei Farbtönen geschichteten Plastilinprobe die an den Außenflächen erkennbaren Werkstoffverschiebungen gezeigt und miteinander verglichen werden. In allen drei Fällen haben sich nach Abb. 22 Netzlinien bzw. Schichtungslinien in qualitativ ähnlicher Weise verschoben. Man kann daher annehmen, daß bei Stahl, Blei und Plastilin die Stoffverschiebungen auch im Probeninnern qualitativ übereinstimmen. Bei dieser Voraussetzung scheint es statthaft, beim Walzen in verschiedenartigen Kalibern mit dem Modell-

Abb. 23 Versuchsproben aus Plastilin

werkstoff Plastilin auch Rückschlüsse auf den Stofffluß im Innern von Stahlproben zu ziehen. Unter diesem Gesichtspunkt wurden folgende Sticharten untersucht:

1. Oval – Rund
2. Oval – Quadrat
3. Quadrat – Raute
4. Quadrat – Oval (Quadrat auf einer Fläche liegend angestochen)
5. Quadrat – Oval (Quadrat auf einer Kante stehend angestochen)

Als Proben dienten quadratische und ovale Plastilinkörper, die jeweils in Längs- bzw. Querrichtung aus verschiedenfarbigen Plastilinplättchen geschichtet waren, Abb. 23. Die unterschiedlichen Schichtungsrichtungen ermöglichten, Materialverschiebungen in *Quer-* und *Längsrichtung* zu erfassen. Um Fließvorgänge nicht nur an der *umgeformten* Probe, sondern auch im gesamten *Umformbereich* kenntlich zu machen, wurden sogenannte Stecker gewalzt, die man durch Unterbrechen des Walzvorganges und Auffahren der Walzen erhält. In Abb. 24 sind solche Stecker der oben aufgeführten Sticharten von längs- und quergeschichteten Proben abgebildet. Bei der Mehrzahl der Proben sind die gedrückten Flächen gut erkennbar.

Während des Walzvorgangs entstanden bei einigen quergeschichteten Probekörpern Materialtrennungen an den Kanten, die auf Zugspannungen schließen lassen. Im großen und ganzen hielten die Plastilinteilchen beim Umformen jedoch gut zusammen und konnten zur Bestimmung des Werkstoffflusses im Innern der Proben verwendet werden.

Die Abb. 25 zeigt in Reihe I mittige Längsschnitte senkrecht zur Walzgutebene von Steckern der erwähnten Sticharten. Im Schnitt ist der Verlauf der Schichtungslinien bei sämtlichen Proben ähnlich. Während des Umformens bleiben die Zonen im Probeninnern gegenüber den Randbereichen zurück. Es tritt demnach der gleiche Stofffluß wie an den Seitenflächen der Proben auf. Deutlich erkennbar ist der Beginn der Verformung in den Randzonen und das Vordringen der Verformung in die inneren Bereiche, je weiter der Werkstoff in den Walzspalt hineinläuft.

In Reihe II von Abb. 25 sind Walzproben dargestellt, die parallel zur Walzgutebene geschnitten wurden. In dieser Ebene haben die Schichtungslinien im Umformbereich keine Richtungsänderung erfahren, sieht man einmal von Probe IIa ab, bei der man eine leichte Veränderung der Streifenrichtung durch Spannungsrisse an den Kanten feststellen kann.

In beiden Schnittebenen, senkrecht und parallel zur Walzgutebene, werden die Streifen während des Umformvorgangs breiter, d. h. sie werden in Walzrichtung gestreckt. Das gleiche gilt für die Oberflächen, wie man in Abb. 22 auch gut an den Proben mit Gitternetz erkennen kann.

Mit längsgeschichteten Proben sollte der Querfluß des Materials in den unterschiedlichen Kaliberformen bestimmt werden. Auch in dieser Versuchsreihe wurden Stecker gewalzt und diese dann am Anfang, in der Mitte und am Ende der Umformzone senkrecht zur Walzebene mit einem dünnen Draht geschnitten,

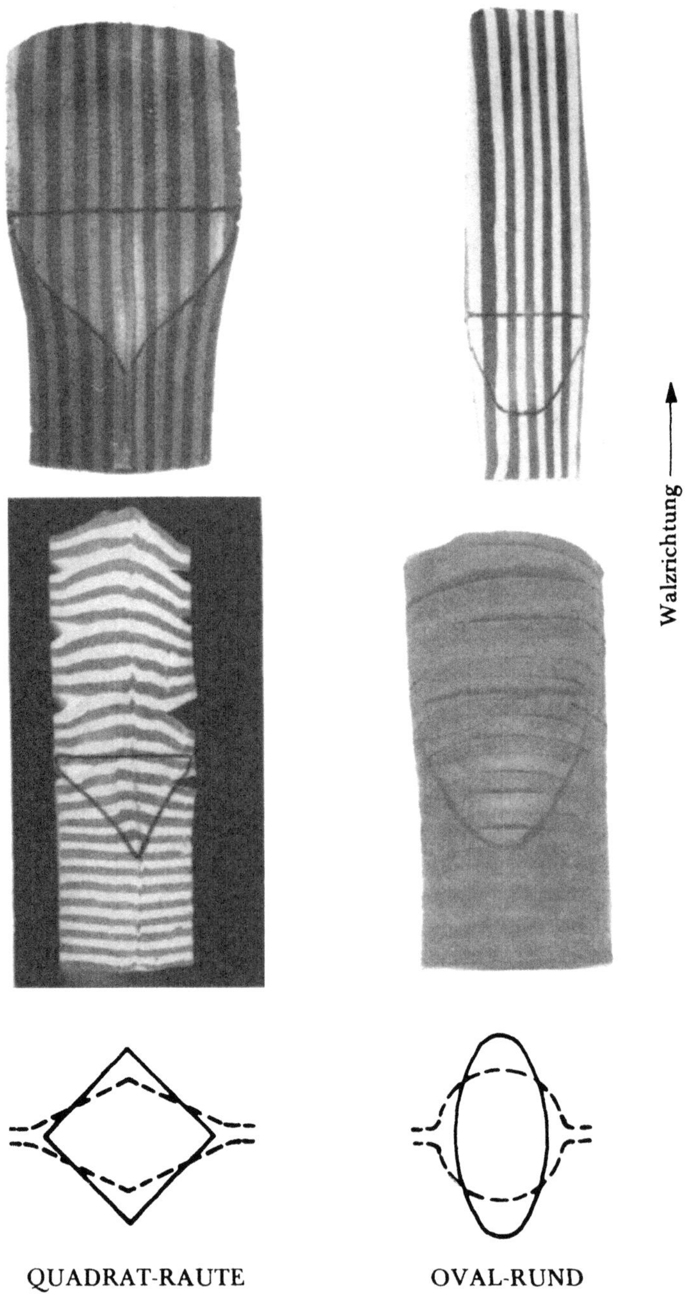

Abb. 24 Stecker längs- und quergeschichteter Plastilinproben

QUADRAT-OVAL
(auf einer Kante
stehend angestochen)

QUADRAT-OVAL
(auf einer Fläche
liegend angestochen)

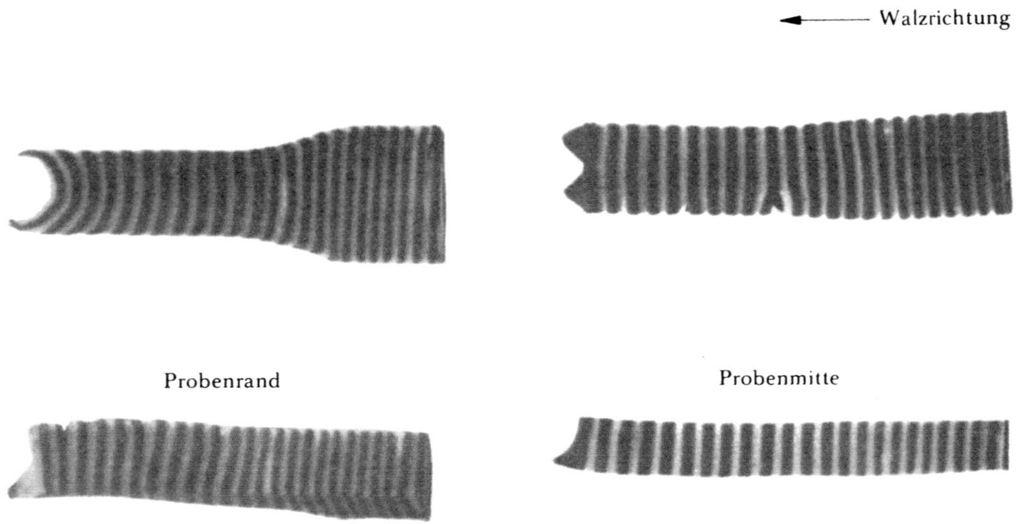

a
QUADRAT-OVAL
(auf einer Kante
stehend angestochen)

b
QUADRAT-OVAL
(auf einer Fläche
liegend angestochen)

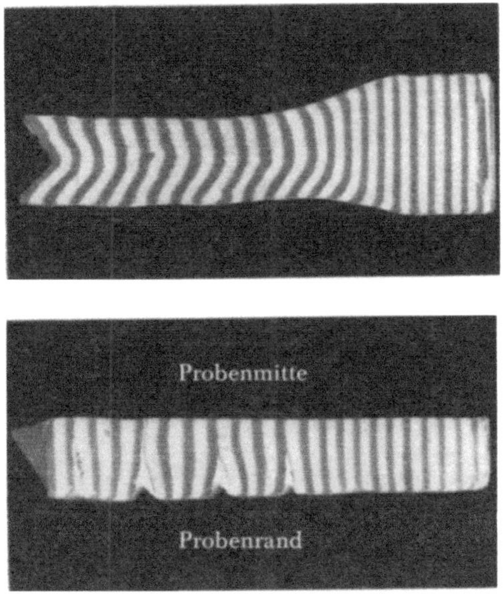

c
QUADRAT-RAUTE

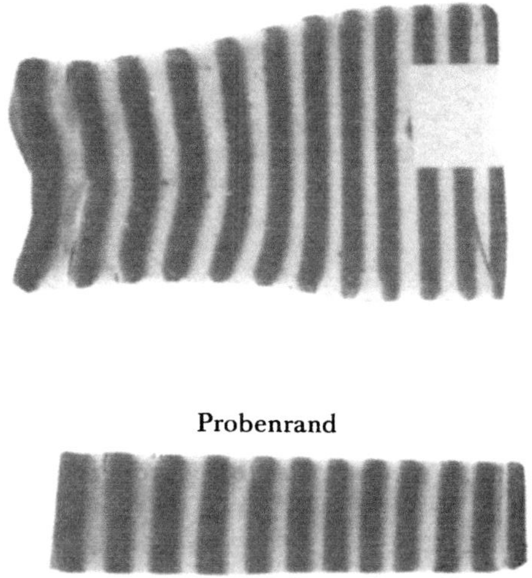

d
OVAL-RUND

Abb. 25 Mittige Längsschnitte an Steckerproben senkrecht und parallel zur Walzgutebene

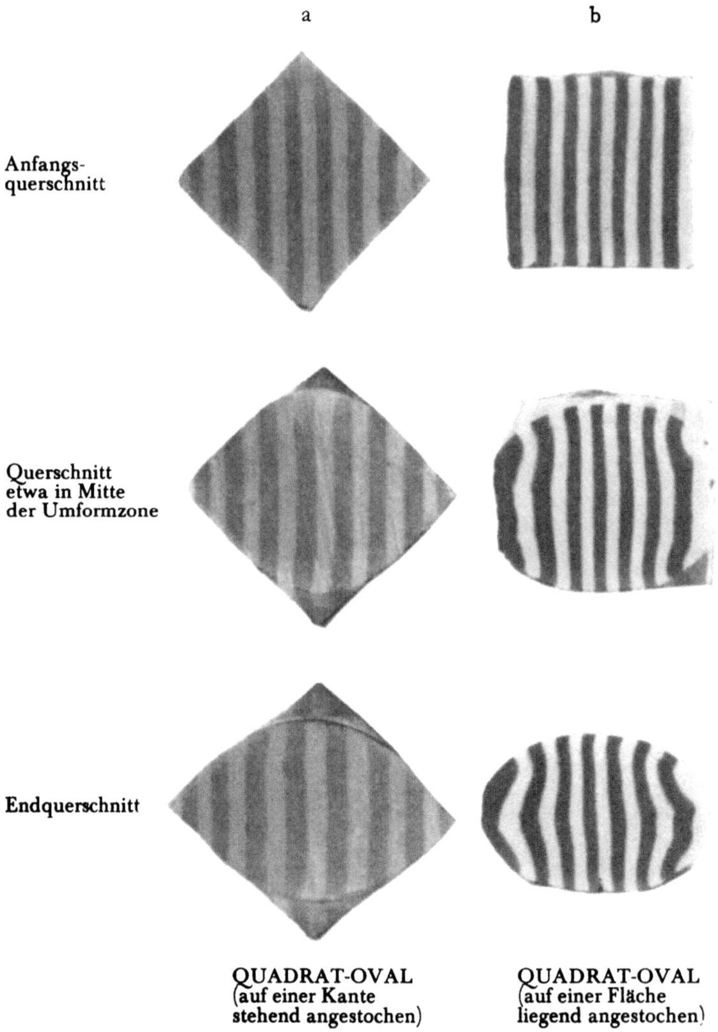

Abb. 26 Quer zur Walzebene geschnittene Plastilinproben

c d e

QUADRAT-RAUTE OVAL-RUND OVAL-QUADRAT

QUADRAT-OVAL
(auf einer Kante
stehend angestochen)

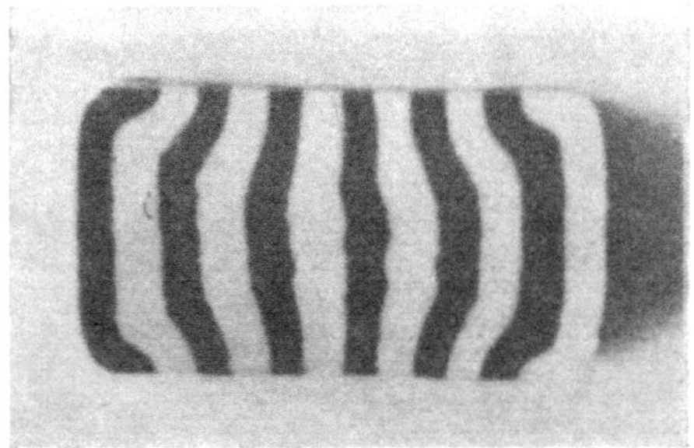

Probenquerschnitt
aus einem
Flachwalzversuch

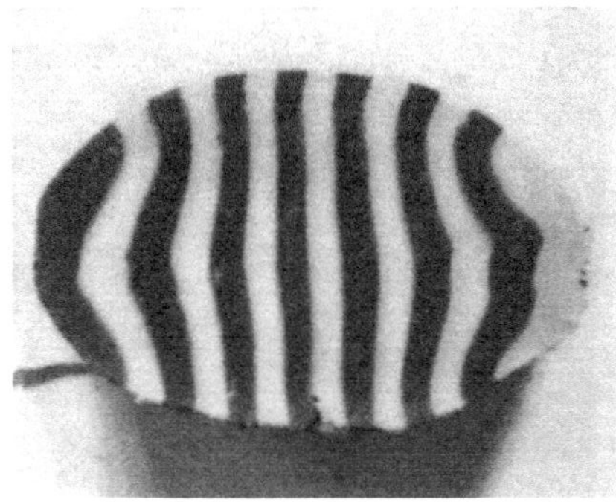

QUADRAT-OVAL
(auf einer Fläche
liegend angestochen)

Abb. 27 Umgeformte Plastilinproben aus einem Flachwalzversuch und einigen Kaliberwalzungen

Abb. 26. Auf diese Weise erhielt man das Aussehen des Anfangs-, Übergangs- und Endquerschnitts der Proben. Daraus ergibt sich, daß diejenigen Schichten einer Probe am meisten breiten, die die größte Höhenabnahme erfahren. Als anschauliches Beispiel soll der Vergleich der beiden Quadrat-Oval-Stiche gelten. Im Falle von Abb. 26a, daß ein Quadrat auf einer Kante stehend angestochen wird, werden die mittleren Bereiche stärker gestaucht als jene nahe der Kaliberöffnung und breiten entsprechend mehr.

Umgekehrt verhält sich der Stofffluß, wenn nach Abb. 26b ein Quadrat flach in ein Oval eingeführt wird. Dabei werden die Randzonen der Probe stärker gedrückt als die Mitte, so daß in diesem Fall die Randschichten stärker breiten. Bei einem Vergleich der Versuchsergebnisse aus den Kaliberwalzungen mit einem Flachwalzfall in Abb. 27 erkennt man, daß der Werkstofffluß in den hier untersuchten Kaliberformen im allgemeinen nicht wesentlich verwickelter als beim Flachwalzen ist. Dieses Ergebnis kann u. a. auch als eine Erklärung dafür genommen werden, daß sich Kaliber- *und* Flachwalzen so umfassend durch gleiche Geometriegrößen beschreiben lassen.

Abschließend sei noch auf ein weiteres Verfahren verwiesen, den Werkstofffluß eines Umformvorganges kenntlich zu machen. Es besteht darin, dünne verzinnte Bleiplättchen miteinander zu verlöten und nach der Umformung durch »Auftauen« der Lötschicht, z. B. in einem Luftumwälzofen, wieder voneinander abzuheben. Der Vorteil dieser Methode ist, die räumliche Verformung eines solchen Bleiplättchens über den gesamten Probenquerschnitt wiedergeben zu können. Nachteilig erwies sich der große Aufwand solcher Experimente, die im Rahmen dieser Arbeit mit Erfolg durchgeführt wurden. Qualitativ stimmen die Ergebnisse aus solchen Untersuchungen mit denen der Plastilinversuche überein. Um derartige Versuche jedoch vollständig und aussagefähig auswerten zu können, benötigt man eine besondere Vorrichtung zum Ausmessen der verformten Bleiplättchen.

Beide Verfahren, sowohl das mit dem Modell-Werkstoff Plastilin als auch das mit Blei, erwiesen sich als geeignete Methoden, um *qualitative Aussagen* zum Stofffluß bei Stahl zu machen.

6. Beschreibung der Versuche

6.1 Versuchseinrichtung und -durchführung

Die Versuche wurden auf dem 300-mm-Versuchswalzwerk des Max-Planck-Instituts für Eisenforschung durchgeführt, Abb. 28. Dieses Walzwerk kann im Umkehrbetrieb als Duo oder als Quarto eingesetzt werden. Der Antrieb erfolgt durch einen Drehstrommotor mit 130 kW Leistung. Zur Einstellung verschiedener Walzgeschwindigkeiten dient ein sechsstufiges Schaltgetriebe. Die Walzendrehzahlen konnten so von 12 bis 107 U/min verändert werden. Für die Versuche wurde die Duoanordnung mit Walzendurchmessern von 300 mm beim Kaliber- und Flachwalzen gewählt. Die Ballenlänge der Walzen betrug 450 mm. Wie Abb. 6 zeigt, standen drei kalibrierte Walzenpaare mit mehreren Rauten-, Quadrat-, Oval-, Falschrund- und Rundkalibern zur Verfügung. Die Proben wurden in einem elektrisch beheizten Kammerofen erwärmt.

Abb. 28 Versuchswalzwerk

Als *Versuchswerkstoff* wurde Stahl C 45 mit folgender chemischer Zusammensetzung verwendet:

% C	% Si	% Mn	% P	% S
0,46	0,19	0,65	0,012	0,024

Die Proben lagen in den Abmessungen 50×50×500 mm vor und wurden bei den Flachwalzversuchen in 7–8 Stichen bei verschiedenen Walzenanstellungen auf rd. 10–13 mm heruntergewalzt. Für die Kaliberwalzungen sind nachstehend die untersuchten Stichfolgen aufgeführt, wobei für jeden Stich der Walzensprung *s* gemäß Abb. 29 mit angegeben ist.

Eintrittsquerschnitt		Austrittsquerschnitt		Walzensprung *s* in mm
Quadrat	1 = Anstichquerschnitt 50×50 mm	Raute	1	4,0
Raute	1	Quadrat	2	1,0
Quadrat	2	Oval	1	2,5
Oval	1	Rund	1	1,1
Quadrat	1	Raute	2	4,0
Raute	2	Quadrat	3	2,0
Quadrat	3	Oval	3	2,0
Oval	3	Falschrund	1	1,8
Falschrund	1	Oval	5	2,5
Oval	5	Rund	3	2,5
Quadrat	2	Raute	3	2,0
Raute	3	Quadrat	4	1,5
Quadrat	4	Oval	2	2,5
Oval	2	Rund	2	1,5
Quadrat	4	Oval	4	2,5
Oval	4	Falschrund	2	5,0
Falschrund	2	Oval	6	2,5
Oval	6	Rund	4	3,6

Als hauptsächliche Einflußgrößen auf den Kraft- und Arbeitsbedarf beim Warmwalzen wurden neben der Walzgeometrie die Walztemperatur und die Walzgeschwindigkeit geändert:

Versuchsreihe	Temperatur	Walzendrehzahl
Nr.	°C	U/min
1	1100	12
2	1000	12
3	900	12
4	900	107

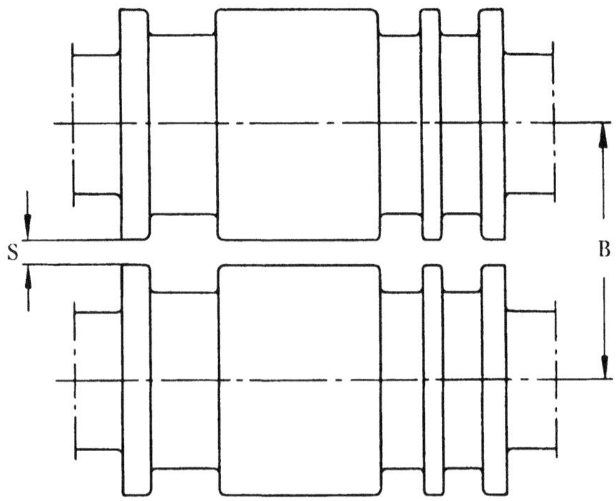

Abb. 29 Skizze zur rechnerischen Bestimmung der mittleren gedrückten Länge beim Kaliberwalzen

Bei den angegebenen Temperaturen handelt es sich um mittlere Probentemperaturen unmittelbar vor dem Walzen, die in Vorversuchen mit eingebauten Thermoelementen überprüft wurden. Die Ofentemperaturen wurden in allen Fällen der Probenabkühlung entsprechend höher eingestellt.
Die Änderung der Walzgeometrie war beim Flachwalzen durch die Anstellungsfolge, beim Kaliberwalzen durch die Kalibrierung vorgegeben.
Für jede Walzenanstellung und jedes Kaliber waren drei Probestäbe vorgesehen, um die Versuchsergebnisse dreifach zu belegen. Nach jedem Stich wurden beim Kaliberwalzen Querschnittsproben entnommen, während beim Flachwalzen Probenhöhe und -breite mit einer Schieblehre gemessen wurden. Danach wurden die Proben erneut auf die ursprüngliche Temperatur erwärmt, um bei allen Stichen einer Versuchsreihe mit möglichst gleicher Anstichtemperatur zu arbeiten.
Die *Meßeinrichtung* bestand aus Walzkraft-Meßdosen und Drehmoment-Schleifringübertragern auf der Grundlage des Dehnungsmeßstreifens, photoelektrischen Lichtschranken, Verstärkern und Registriergeräten. Die Walzkraftgeber waren in bekannter Weise auf beiden Seiten des Walzgerüstes unter den Anstellspindeln angeordnet. Die Schleifringübertrager zur Messung des Walzmomentes waren wie üblich auf den Antriebsspindeln angebracht. Zur Aufzeichnung der Meßwerte diente ein Lichtstrahloszillograph.
Zur Messung der Walzgutaustrittsgeschwindigkeit waren zwei photoelektrische Lichtschranken im Abstand von 450 mm an der Austrittseite des Gerüstes in Walzrichtung hintereinander angeordnet. Die Zeitpunkte der Unterbrechung der Lichtschranken durch das auslaufende Walzgut wurden zusammen mit der Drehzahl der Antriebsspindeln und einer Zeitmarke oszillographisch festgehalten.

6.2 Versuchsauswertung

Aus den Meßwerten und Versuchsdaten wurden folgende Größen ermittelt:

a) mittlerer Querschnitt des Walzgutes
b) gedrückte Fläche im Walzspalt
c) mittlerer Formänderungswiderstand
d) logarithmische Formänderung
e) mittlere Umformzeit
f) mittlere Formänderungsgeschwindigkeit
g) Auslaufgeschwindigkeit des Walzgutes
h) Formänderungsfestigkeit des Walzgutes

Im einzelnen wurde dazu wie folgt vorgegangen:

a) Der *mittlere Querschnitt* F_m ergibt sich als Mittel aus Anfangsquerschnitt F_0 und Endquerschnitt F_1 einer Walzprobe

$$F_m = \frac{F_0 + F_1}{2} \tag{30}$$

Beim Walzen auf flachen Bahnen sind die Querschnitte F_0 und F_1 leicht aus den Höhen h_0 und h_1 und den Breiten b_0 und b_1 der Proben vor und nach jedem Stich zu errechnen

$$F_0 = h_0 b_0 \tag{31}$$

$$F_1 = h_1 b_1 \tag{32}$$

Beim Profilwalzen wurde die Querschnittsfläche von Walzgutabschnitten für die verschiedenen Kaliber durch Planimetrieren bestimmt. Nach einem anderen Verfahren läßt sich der jeweilige Querschnitt F aus dem Gewicht G, der Abschnittlänge l und dem spezifischen Gewicht γ des Probeabschnittes berechnen

$$F = \frac{G}{\gamma l}. \tag{33}$$

b) Die *gedrückte Fläche* F_d erhält man beim Flachwalzen aus der Beziehung

$$F_d = l_d b_m, \tag{34}$$

worin b_m die mittlere Breite

$$b_m = \frac{b_0 + b_1}{2} \tag{35}$$

bedeutet und

$$l_d = \sqrt{R \Delta h} \tag{36}$$

($\Delta h = h_0 - h_1$, R = Walzenhalbmesser) als gedrückte Länge bezeichnet wird. Auf das Kaliberwalzen sind diese einfachen Beziehungen nicht mehr anwendbar, da über der Kaliberbreite unterschiedliche gedrückte Längen, Walzenhalbmesser und Höhenabnahmen vorliegen. Nach den Regeln der darstellenden Geometrie läßt sich die gedrückte Fläche jedoch ziemlich genau zeichnerisch ermitteln. Die Durchdringungslinie der zu walzenden Probe mit dem Kaliber umschreibt eine Fläche, die als gedrückte Fläche gelten könnte, würde der Werkstoff nicht breiten und sich nicht schon vor dem Eintritt in den Walzspalt verformen (vgl. dazu die in Abb. 30 gestrichelte Umrandung). Für den Walzvorgang muß demnach diese Fläche um einen Breitungsanteil (schraffierte Flächen 2 und 3) und einen Anteil, der auf Grund des vorzeitigen Verformens anfällt (Fläche 1), berichtigt werden. Den Breitungsanteil erhält man aus der Berührungsbreite der Probe mit den Walzen am Walzspaltende. Den Anfang der Berührzone zwischen Walzen und Werkstück bestimmt man am besten mit Steckern, an denen sich die Übergangslinie gut abzeichnet.

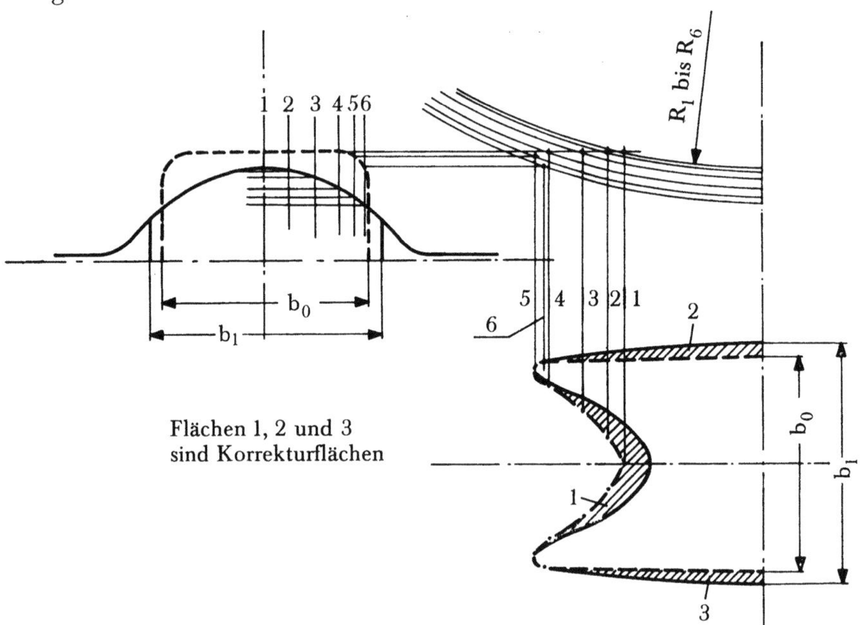

Abb. 30 Bestimmung der gedrückten Fläche am Beispiel Quadrat 2 → Oval 1

Aus Vergleichsgründen wurde die gedrückte Fläche schließlich auch rechnerisch bestimmt, indem die Profilquerschnitte in flächengleiche Rechteckquerschnitte umgewandelt wurden. An diesen Rechteckquerschnitten wurde der Umformvorgang dann wie beim Flachwalzen betrachtet.

Dabei ergaben sich die mittleren Höhen einer Probe zu

$$h_{m\,0} = \frac{F_0}{b_0} \tag{37}$$

$$h_{m\,1} = \frac{F_1}{b_1} \tag{38}$$

($h_{m\,0}$ = mittlere Höhe der Probe oder Höhe des entsprechenden Rechtecks vor dem Stich, $h_{m\,1}$ = mittlere Höhe der Probe nach dem Stich).

Die Höhenabnahme erhält man dann aus

$$\Delta h_m = h_{m\,0} - h_{m1}. \tag{39}$$

Als Walzendurchmesser wird ein mittlerer Durchmesser D_m verwendet

$$D_m = B - h_{m\,1}. \tag{40}$$

B gibt dabei nach Abb. 29 die Entfernung der Walzenmitten unter Berücksichtigung des Walzensprungs s an.

Aus der mittleren gedrückten Länge

$$l_{dm} = \sqrt{\frac{D_m}{2} \Delta h_m} \tag{41}$$

und der mittleren Breite b_m ergibt sich dann wie beim Flachwalzen die gedrückte Fläche zu

$$F_d = b_m l_{dm}. \tag{42}$$

c) Der *mittlere Formänderungswiderstand* k_{wm} ist beim Flach- und Profilwalzen der Quotient aus der Walzkraft P_{ges} und der gedrückten Fläche F_d

$$k_{wm} = \frac{P_{\text{ges}}}{F_d}. \tag{43}$$

d) Die *logarithmische Formänderung* φ wurde aus Probenanfangs- und -endquerschnitt F_0 und F_1 für Flach- und Kaliberwalzen nach folgender Gleichung berechnet

$$\varphi = \ln \frac{F_0}{F_1}. \tag{44}$$

Die logarithmische Formänderung in Höhenrichtung φ_h erhält man, wenn statt der Flächen die entsprechenden Höhen h_0 oder $h_{m\,0}$ und h_1 oder $h_{m\,1}$ eingesetzt werden.

e) Die *mittlere Umformzeit* t_m ergab sich, indem für mehrere Walzenhalbmesser eines Kalibers die Berührzeit mit dem Walzgut ermittelt und daraus die mittlere Berührzeit t_m über die Kaliberbreite bestimmt wurde. Betrachtet man in Abb. 31 z. B. den Halbmesser R_4, dann erhält man eine dazugehörige Berührungslänge zwischen Walze und Walzgut $l_{d\,4}$, die aus dem Bild der gedrückten Fläche abgemessen wurde. Aus der Walzendrehzahl n, dem Halbmesser R_4 und der Berührlänge $l_{d\,4}$ folgt die Kontaktzeit t_4 zwischen Werkstück und Walze für den Halbmesser R_4 zu

$$t_4 = \frac{60\, l_{d\,4}}{2\,\pi n R_4}. \tag{45}$$

In gleicher Weise wurde die Berührzeit für mehrere Walzenhalbmesser eines Kalibers bestimmt. Aus dem Berührzeitverlauf über der Kaliberbreite läßt sich dann nach Abb. 31c die mittlere Umformzeit t_m durch Integration bestimmen.

f) Die *mittlere Formänderungsgeschwindigkeit* $\dot{\varphi}_m$ kann nach H. HOFF und TH. DAHL [27] für das Flachwalzen in guter Näherung nach der Gleichung

$$\dot{\varphi}_m = \varphi \frac{v_u}{l_d} \tag{46}$$

berechnet werden.

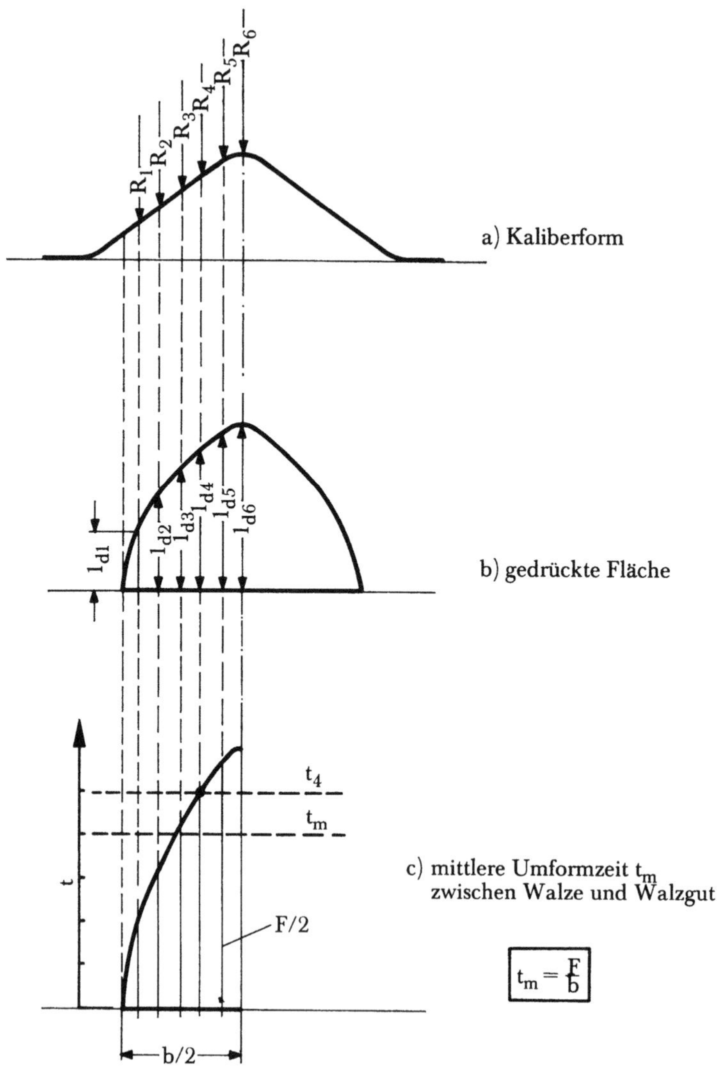

Abb. 31 Bestimmung der mittleren Umformzeit am Beispiel Quadrat 1 → Raute 1

Beim Kaliberwalzen wurde die mittlere Formänderungsgeschwindigkeit $\dot{\varphi}_m$ als das Verhältnis aus logarithmischer Formänderung und mittlerer Umformzeit angegeben

$$\dot{\varphi}_m = \frac{\varphi}{t_m} \, . \tag{47}$$

g) Die *Auslaufgeschwindigkeit* des Walzguts v_1 wurde aus der Beziehung

$$v_1 = \frac{c}{t_c} \tag{48}$$

berechnet. Durch c wird der Abstand der beiden Lichtschranken (450 mm) angegeben, während t_c die Zeit bedeutet, in der die Probe den Bereich zwischen den Lichtschranken durchläuft. Die Zeitwerte wurden aus Oszillogrammen entnommen.

h) Die *mittlere Formänderungsfestigkeit* k_{fm} des Walzguts wurde in Abhängigkeit von Formänderung, Formänderungsgeschwindigkeit und Temperatur aus Kurventafeln entnommen, die für den Stahl C 45 aus früheren Untersuchungen [48] vorlagen.

7. Zusammenfassung

1. In Laboratoriumsversuchen wurde an Stahl C 45 das Auswalzen von Quadratknüppeln zu Rundstäben in Streckkalibern untersucht. Bei unterschiedlichen Walztemperaturen und Walzgeschwindigkeiten wurde der *mittlere Formänderungswiderstand* k_{wm} und der *bezogene mittlere Formänderungswiderstand* k_{wm}/k_{fm} bestimmt. Die Ergebnisse der Kaliberwalzversuche wurden mit Meßwerten von Flachwalzversuchen verglichen, wobei als Vergleichsgröße das *Flächenverhältnis* F_d/F_m verwendet wurde. Dabei zeigte sich, daß diese Größe die Umformgeometrie sowohl des Flachwalzens als auch des Kaliberwalzens mit den unterschiedlichen Kaliberformen Quadrat, Raute, Oval, Falschrund und Rund in ihrem Einfluß auf den Formänderungswiderstand sehr gut beschreibt, so daß möglicherweise auch andere schwierigere Profilformen mit dieser Kenngröße erfaßt werden können.

2. Zur Berechnung des *Antriebsmoments* beim Kaliberwalzen wurde von einer Leistungsgleichung ausgegangen, wonach die zugeführte Spindelleistung vollständig in Umformleistung umgesetzt wird. Nach dieser Gleichung berechnete Drehmomente stimmten gut mit gemessenen überein.
Bei einer näheren Betrachtung über den *Hebelarmbeiwert* der Walzkraft zeigte sich, daß dieser im wesentlichen vom *Flächenverhältnis* F_d/F_1 abhängig ist. Zur Bestimmung des Hebelarmbeiwerts konnte eine mathematische Beziehung abgeleitet werden.

3. Das *Voreilen* des Werkstoffs gegenüber den Walzen wurde für das Kaliberwalzen durch einen dimensionslosen *Voreilkennwert* erfaßt, der den Versuchsergebnissen zufolge wesentlich durch die Geometrie der Umformzone beeinflußt wird.

4. Um den *Werkstofffluß* beim Kaliberwalzen qualitativ erkennbar zu machen, wurden mit dem Modellwerkstoff Plastilin verschiedenartig geschichtete Probekörper hergestellt und in unterschiedlichen Kaliberformen zu Steckern teilweise umgeformt. Es ergab sich dabei, daß der Stofffluß bei den untersuchten Profilformen in den Grundzügen mit dem Stofffluß beim Walzen auf flacher Bahn vergleichbar ist.

* * *

Der Firma Phoenix-Rheinrohr AG sei auch an dieser Stelle noch einmal für die kostenlose Lieferung des Versuchsmaterials sowie Herrn Dr.-Ing. F. Kösters, Dortmund-Hörder Hüttenunion AG, für seine Mithilfe bei der Kalibrierung der Versuchswalzen gedankt.

8. Verwendete Formelzeichen

Sofern nicht anders vermerkt, bezeichnen Zeiger 0 und 1 Größen am Eintritt und Austritt der Umformzone. Die Zeiger m, max und min bedeuten Mittel-, Maximal- und Minimalwerte.

Geometrische Größen

d = Dicke des Stempels beim Flachstauchen
B = Abstand der Walzenachsen während des Walzvorgangs
r_B = Walzenhalbmesser am Ballen (Profilwalzen)
R = Walzenhalbmesser (Flachwalzen)
D = Walzendurchmesser
D_a = arbeitender Durchmesser
h = Probenhöhe
Δh = absolute Höhenabnahme
b = Breite
l_d = gedrückte Länge = Walzspaltlänge
s = Walzensprung
a = Hebelarm der Walzkraft
c = Abstand der Lichtschranken
F = Querschnitt des Walzguts
F_d = gedrückte Fläche
V = Walzgutvolumen

Kräfte, Drehmomente und Spannungen

P_w = Walzkraft
P_{ges} = $P_1 + P_2$ = Gesamtwalzkraft
(P_1 = Kraft auf der Bedienungsseite,
P_2 = Kraft auf der Antriebsseite)
M_d = Drehmoment
k_w = Formänderungswiderstand
k'_w = Formänderungswiderstand des zugeordneten Flachwalzfalls
k_f = Formänderungsfestigkeit

Geschwindigkeitsgrößen

v = Walzgeschwindigkeit
v_u = Umfangsgeschwindigkeit
n = Walzendrehzahl
ω = Winkelgeschwindigkeit
$\dot{\varphi}_m$ = mittlere Formänderungsgeschwindigkeit

Dimensionslose Umformkenngrößen

φ = logarithmische Gesamtformänderung
φ_h = logarithmische Formänderung in Höhenrichtung
ε_h = bezogene Höhenabnahme
$\varkappa$ = Voreilung
ψ = Fließscheidenwinkel
k_v = Voreilkennwert
k_x = Hebelarmbeiwert der Walzkraft
l_d/h_m = Walzspaltverhältnis
h_1/D = Höhen-Durchmesser-Verhältnis
k_{wm}/k_{fm} = bezogener Formänderungswiderstand
F_d/F_m = Flächenverhältnis, im Versuch bestimmt
F_d^*/F_m = Flächenverhältnis, berechnet
F_d/F_1 = Flächenverhältnis, im Versuch bestimmt

Verschiedenes

a_1 = Geschwindigkeitsbeiwert
a_2 = Kaliberreibungsbeiwert
k_p = Korrekturfaktor (nach Wallquist)
μ = Reibungsbeiwert
t = Umformzeit
t_u = Zeit für eine Walzenumdrehung
t_c = Laufzeit des Walzguts zwischen den Lichtschranken
γ = spezifisches Gewicht

Literaturverzeichnis

[1] KÁRMÁN, TH. v., Z. angew. Math. Mech. 5 (1925), S. 139–141.
[2] SIEBEL, E., Stahl u. Eisen 45 (1925), S. 1563–1566.
[3] SIMS, R. B., Iron Steel Inst. 178 (1954), 19–34.
[4] OROWAN, E., Proc. Inst. Mech. Engrs. 150 (1943), S. 140–167.
[5] PUPPE, J., Untersuchungen über Walzdruck und Kraftbedarf beim Auswalzen von Knüppeln, Winkeln, U- und I-Eisen. Düsseldorf 1913, Verlag Stahleisen.
[6] SIEBEL, E., und W. LUEG, Mitt. K.-Wilh.-Inst. Eisenforsch. 16 (1934), S. 111.
[7] HOFF, H., und TH. DAHL, Stahl u. Eisen 54 (1934), S. 277.
[8] LUEG, W., und H. G. MÜLLER, Stahl u. Eisen 76 (1956), S. 1343–1356.
[9] ZOUHAR, G., Umformkräfte beim Walzen in Streckkaliberreihen. Freiberger Forschungshefte B 52, 1960, Akademie Verlag Berlin.
[10] SCHWENZFEIER, W., und O. PAWELSKI, Stahl u. Eisen 83 (1963), S. 1553–1561.
[11] SIMS, R. B., Proc. Inst. Mech. Engrs. 168 (1954), S. 191–200 und 209–214; vgl. Stahl u. Eisen 75 (1955), S. 1049–1051.
[12] COOK, P. M., und A. W. MCCRUM, The calculation of load and torque in hot flat rolling. London 1958.
[13] EKELUND, S., Jernkont. Ann. 111 (1927), S. 39–97; vgl. Stahl u. Eisen 49 (1929), S. 706.
[14] GELEJI, A., Bildsame Formung der Metalle in Rechnung und Versuch. Berlin 1960.
[15] WALLQUIST, G., Jernkont. Ann. (1960), S. 193–257; vgl. Stahl u. Eisen 81 (1961), S. 508–509.
[16] SIEBEL, E., Wälzlager in Walzwerken. Kugelfischer, Georg Schäfer & Co., Schweinfurt, 1958, S. 10.
[17] PAWELSKI, O., Arch. Eisenhüttenwes. 35 (1964), S. 27–36.
[18] HILL, R., The mathematical theory of plasticity. Oxford 1950.
[19] GREEN, A. P., Philos. Mag. 42 (1951), S. 900–918.
[20] SIEBEL, E., und E. FANGMEIER; A. POMP und G. WEDDIGE; G. WALLQUIST; H. LAMPMANN und W. VÖLKENING, Wälzlager in Walzwerken. Kugelfischer, Georg Schäfer & Co., Schweinfurt, 1958, S. 23.
[21] PAWELSKI, O., Stahl u. Eisen 83 (1963), S. 1440–1451.
[22] LANGER, J., Dr.-Ing.-Diss., Bergakademie Clausthal-Zellerfeld 1964.
[23] PAWLOW, I. M., und A. E. SCHELEST, Freiberger Forschungshefte B 48, Akademie Verlag, Berlin 1960.
[24] WALLQUIST, G., Jernkont. Ann. 138 (1954), S. 539–572; vgl. Stahl u. Eisen 75 (1955), S. 1651–1653.
[25] MÜLLER, H. G., und W. LUEG, Betriebsuntersuchungen an neuzeitlichen Block-Brammen-Straßen. Stahleisen-Sonderberichte, Heft 1, 1960.
[26] UNDERWOOD, L. R., The Rolling of Metals I. Chapman & Hall Ltd., London 1950, S. 15 und 21.
[27] HOFF, H., und TH. DAHL, Grundlagen des Walzverfahrens. S. 179–181, Verlag Stahleisen, Düsseldorf 1955.

[28] POMP, A., und G. WEDDIGE, Mitt. K.-Wilh.-Inst. 19 (1937), S. 65–86.
[29] SIEBEL, E., und E. FANGMEIER, Mitt. K.-Wilh.-Inst. 12 (1930), S. 225–244.
[30] POMP, A., und W. LUEG, Mitt. K.-Wilh.-Inst. 15 (1933), S. 81–97, und Mitt. K.-Wilh.-Inst. 18 (1936), S. 183–204.
[31] UNDERWOOD, L. R., The Rolling of Metals I. Chapman & Hall Ltd., London 1950, S. 16.
[32] EKELUND, S., Steel 93, (1933), S. 27–29.
[33] LUEG, W. und A. POMP, Mitt. K.-Wilh.-Inst. 17 (1935), S. 219–230.
[34] Hütte, Taschenbuch für Eisenhüttenleute, 5. Auflage, S. 751.
[35] HOLLENBERG, A., Stahl u. Eisen 3 (1883), S. 121–122.
[36] METZ, N., Arch. Eisenhüttenwes. 1 (1927), S. 193–204.
[37] SACHS, G., Spanlose Formung der Metalle. S. 74, Berlin 1931, Verlag Julius Springer.
[38] UNKEL, H., Arch. Eisenhüttenwes. 9 (1936), S. 13–18.
[39] WEISS, L., Z. Metallk. 20, (1928), S. 202–203.
[40] SIEBEL, E., und H. HÜHNE, Mitt. K.-Wilh.-Inst., 13 (1931), S. 43–62.
[41] LUDWIK, P., Z. Metallk., 15 (1923), S. 133.
[42] SIEBEL, E., und E. OSENBERG, Mitt. K.-Wilh.-Inst. 16 (1934), S. 33–50.
[43] TRESCA, H., Sur l'écoulement des corps solides soumis à de fortes pressions. C. R. Acad. Sci. Paris 59 (1864), S. 754–758, und 64 (1867), S. 809–812.
[44] OBERMEYER, A. v., Sitzungsber. Wien Ak., 58 (1868), II, S. 737–755.
[45] UNKEL, H., Über die Fließbewegung in plastischem Material. Berlin, Springer Verlag 1928.
[46] OROWAN, E., Proc. Inst. Mech. Engrs., 150 (1943), S. 140–167.
[47] BRILL, K., Schmiedetechnische Mitt., Sonderteil zu »Werkstattstechnik«, 53. (1963), S. 537–542.
[48] LUEG, W., und H. G. MÜLLER, Arch. Eisenhüttenwes. 28 (1957), S. 505–516.

Tabellenanhang

Tab. 1 Versuchsergebnisse Flachwalzen

Walztemperatur: 1100° C — Werkstoff: C 45
Walzgeschwindigkeit: 0,187 m/s — Walzenhalbmesser: 150 mm

		1	2	3	4	5	6	7	8	9	10	11	12	13	14	15	16	17	18	19	20
		P_1	P_2	P_{ges}	h_0	h_1	Δh	b_0	b_1	b_m	l_d	F_d	F_0	F_1	F_m	F_d/F_m	φ	$\dot{\varphi}_m$	k_{wm}	k_{fm}	$\frac{k_{wm}}{k_{fm}}$
Stich Nr.	Stab	t	t	t	mm	mm	mm	mm	mm	mm	mm	mm²	mm²	mm²	mm²	–	–	s^{-1}	$\frac{kg}{mm^2}$	$\frac{kg}{mm^2}$	–
1	1	4,62	4,11	8,73	50,0	45,8	4,2	50,4	51,0	50,70	25,2	1280	2520	2340	2430	0,526	0,075	0,56	6,8	5,3	1,28
	2	4,47	4,48	8,95	50,6	46,2	4,4	50,0	51,1	50,60	25,7	1300	2530	2360	2445	0,531	0,070	0,51	6,9	5,2	1,32
	3	4,12	4,30	8,42	50,0	47,0	3,0	50,2	51,3	50,75	21,2	1080	2510	2410	2460	0,438	0,041	0,36	7,8	4,5	1,73
2	1	4,62	3,98	8,60	45,8	41,7	4,1	51,0	52,2	51,60	24,8	1280	2340	2170	2250	0,568	0,076	0,57	6,7	5,3	1,27
	2	4,62	4,35	8,97	46,2	41,8	4,4	51,1	52,2	51,65	25,7	1325	2360	2180	2270	0,583	0,078	0,57	6,8	5,3	1,28
	3	4,32	4,35	8,67	47,0	41,8	5,2	51,3	52,3	51,80	28,0	1450	2410	2190	2300	0,630	0,095	0,64	6,1	5,6	1,09
3	1	4,32	4,25	8,57	41,7	38,0	3,7	52,2	52,9	52,60	23,6	1230	2170	2010	2090	0,590	0,077	0,61	7,0	5,5	1,27
	2	4,92	4,17	9,09	41,8	38,3	3,5	52,2	53,4	52,80	22,9	1210	2190	2040	2115	0,572	0,071	0,58	7,5	5,4	1,39
	3	4,80	3,79	8,59	41,8	38,0	3,8	52,3	53,1	52,70	23,9	1260	2190	2020	2105	0,597	0,081	0,64	6,8	5,5	1,24
4	1	5,52	4,55	10,07	38,0	33,5	4,5	52,9	54,6	53,80	26,0	1400	2010	1830	1920	0,730	0,095	0,68	7,2	6,0	1,20
	2	5,22	5,30	10,52	38,3	33,4	4,9	53,4	54,5	53,95	27,1	1460	2040	1820	1930	0,755	0,114	0,79	7,2	6,1	1,18
	3	5,22	5,60	10,82	38,0	33,2	4,8	53,1	55,0	54,05	26,9	1455	2020	1830	1925	0,756	0,100	0,70	7,4	6,0	1,23
5	1	6,47	5,95	12,42	33,5	28,0	5,5	54,6	56,3	55,50	28,8	1600	1830	1575	1700	0,940	0,149	0,97	7,8	7,1	1,10
	2	6,56	6,34	12,90	33,4	28,2	5,2	54,5	56,0	55,25	28,0	1545	1820	1580	1700	0,910	0,141	0,94	8,3	7,0	1,19
	3	6,25	6,34	12,59	33,2	28,1	5,1	55,0	56,2	55,60	27,7	1540	1830	1580	1705	0,904	0,147	0,99	8,2	7,1	1,16
6	1	8,82	9,70	18,52	28,0	21,3	6,7	56,3	59,3	57,80	31,7	1830	1575	1265	1420	1,290	0,219	1,29	10,1	7,8	1,30
	2	10,30	11,40	21,70	28,2	21,2	7,0	56,0	59,0	57,50	32,2	1850	1580	1250	1415	1,310	0,232	1,35	11,8	7,9	1,50
	3	10,60	10,30	20,90	28,1	21,2	6,9	56,2	59,4	57,80	32,2	1860	1580	1260	1420	1,310	0,227	1,32	11,2	7,9	1,42
7	1	15,94	17,00	32,94	21,3	13,3	8,0	59,3	65,2	62,30	34,7	2165	1265	870	1065	2,030	0,375	2,02	15,2	8,4	1,81
	2	18,15	16,25	34,40	21,2	13,4	7,8	59,0	64,6	61,80	34,0	2100	1250	865	1055	1,990	0,370	2,03	16,4	8,4	1,95
	3	16,70	15,10	31,80	21,2	13,4	7,8	59,4	65,1	62,25	34,6	2150	1260	870	1065	2,020	0,370	2,00	14,8	8,4	1,77
										Stauchstiche											
1	1	–	–	–	99,6	97,5	–	25,0	25,3	–	–	–	–	–	–	–	–	–	–	–	–
	2	1,235	1,020	2,255	100,0	98,5	1,5	25,1	25,4	25,25	15,00	378	2510	2470	2490	0,152	0,01590	0,198	6,0	3,0	2,0
	3	0,960	0,980	1,940	99,8	98,8	1,0	25,1	25,2	25,15	12,25	308	2500	2480	2490	0,124	0,00995	0,152	6,3	3,0	2,1
2	1	0,935	0,945	1,880	97,5	96,7	0,8	25,3	26,5	25,90	10,95	284	2440	2420	2430	0,117	0,00995	0,170	6,6	3,0	2,2
	2	1,465	1,210	2,675	98,2	97,0	1,2	25,4	26,5	25,90	13,40	347	2445	2425	2435	0,142	0,00995	0,143	7,7	3,0	2,6
	3	1,395	1,140	2,535	98,2	97,2	1,0	25,2	26,4	25,80	12,25	317	2450	2430	2440	0,129	0,00995	0,152	8,0	3,0	2,7

Bemerkung: Bei den Stauchstichen wurden zur Berechnung der Querschnittsflächen F_0 und F_1 die Werte von b_0 aus dem 1. Stich für alle folgenden Stiche verwendet.

Tab. 2 Versuchsergebnisse Flachwalzen

Temperatur: 1000°C — Werkstoff: C 45

Walzgeschwindigkeit: 0,187 m/s — Walzenhalbmesser: 150 mm

		1	2	3	4	5	6	7	8	9	10	11	12	13	14	15	16	17	18	19	20
		P_1	P_2	P_{ges}	h_0	h_1	Δh	b_0	b_1	b_m	l_d	F_d	F_0	F_1	F_m	F_d/F_m	φ	$\dot{\varphi}_m$	k_{wm}	k_{fm}	$\frac{k_{wm}}{k_{fm}}$
Stich Nr.	Stab	t	t	t	mm	mm	mm	mm	mm	mm	mm	mm^2	mm^2	mm^2	mm^2	–	–	s^{-1}	$\frac{kg}{mm^2}$	$\frac{kg}{mm^2}$	–
1	1	7,2	5,1	12,3	50,5	46,2	4,3	49,7	50,9	50,3	25,4	1277	2510	2350	2430	0,525	0,067	0,49	9,6	7,5	1,28
	2	6,3	5,0	11,3	50,3	46,0	4,3	50,2	51,2	50,6	25,4	1285	2525	2355	2440	0,527	0,069	0,51	8,8	7,5	1,17
	3	6,3	5,0	11,3	50,3	46,3	4,0	49,7	51,0	50,4	24,5	1235	2500	2360	2430	0,508	0,058	0,44	9,2	7,4	1,24
2	1	6,5	5,1	11,6	46,2	41,6	4,6	50,9	51,6	51,3	26,3	1350	2350	2150	2250	0,600	0,090	0,64	8,6	8,1	1,06
	2	6,6	5,1	11,7	46,0	41,4	4,6	51,2	52,1	51,6	26,3	1357	2355	2160	2257	0,601	0,085	0,60	8,6	8,1	1,06
	3	7,2	5,1	12,3	46,3	41,7	4,6	51,0	51,8	51,4	26,3	1352	2360	2160	2260	0,598	0,089	0,63	9,1	8,1	1,12
3	1	7,2	5,5	12,7	41,6	37,0	4,6	51,6	52,7	52,2	26,3	1373	2150	1950	2050	0,670	0,096	0,68	9,3	8,6	1,08
	2	6,6	5,6	12,2	41,4	37,0	4,4	52,1	53,1	52,6	25,7	1353	2160	1965	2062	0,656	0,086	0,63	9,0	8,5	1,06
	3	7,3	5,4	12,7	41,7	37,0	4,7	51,8	52,8	52,3	26,5	1385	2160	1955	2057	0,674	0,101	0,71	9,2	8,6	1,07
4	1	9,0	6,6	15,6	37,0	31,2	5,8	52,7	54,2	53,5	29,5	1578	1950	1690	1820	0,867	0,141	0,89	9,9	9,9	1,00
	2	9,2	7,1	16,3	37,0	31,2	5,7	53,1	54,3	53,7	29,3	1573	1965	1700	1832	0,859	0,145	0,92	10,4	9,9	1,05
	3	9,0	7,0	16,0	37,0	31,3	5,7	52,8	54,6	53,7	29,3	1573	1955	1710	1832	0,859	0,133	0,85	10,2	9,8	1,04
5	1	6,7	6,1	12,8	31,2	27,5	3,7	54,2	55,0	54,6	23,6	1290	1690	1515	1602	0,805	0,110	0,87	9,9	9,4	1,05
	2	7,2	6,1	13,3	31,3	27,6	3,7	54,3	55,5	54,9	23,6	1295	1700	1535	1617	0,802	0,103	0,82	10,3	9,3	1,11
	3	7,5	6,3	13,8	31,3	27,6	3,7	54,6	55,5	55,0	23,6	1298	1710	1535	1622	0,801	0,109	0,86	10,6	9,4	1,13
6	1	12,3	10,0	22,3	27,5	21,2	6,3	55,0	59,6	57,3	30,8	1765	1515	1265	1390	1,269	0,181	1,10	12,7	10,7	1,19
	2	12,6	10,5	23,1	27,6	21,3	6,3	55,5	59,0	57,3	30,8	1765	1535	1255	1395	1,265	0,200	1,21	13,1	10,8	1,22
	3	12,2	10,5	22,7	27,6	21,1	6,5	55,5	59,0	57,3	31,3	1795	1535	1245	1390	1,290	0,209	1,25	12,6	10,8	1,17
7	1	20,4	18,1	38,5	21,2	12,9	8,3	59,6	64,7	62,2	35,3	2195	1265	834	1049	2,092	0,417	2,21	17,5	11,7	1,50
	2	19,8	17,2	37,0	21,3	12,9	8,4	59,0	64,7	61,9	35,5	2198	1255	834	1044	2,105	0,408	2,15	16,9	11,7	1,45
	3	20,7	19,5	40,2	21,1	13,0	8,1	59,0	65,3	62,1	34,9	2167	1245	849	1047	2,069	0,385	2,06	18,5	11,7	1,58

Stauchstiche

1	1	3,06	2,38	5,44	100,3	98,4	1,9	25,1	26,0	25,5	16,90	431	2520	2470	2495	0,173	0,0198	0,220	12,6	6,0	2,10
	2	3,14	2,48	5,62	100,7	98,0	2,7	25,1	26,3	25,7	20,20	519	2525	2460	2490	0,208	0,0266	0,246	10,8	6,0	1,80
	3	3,07	2,28	5,35	100,5	98,0	2,5	25,1	26,0	25,5	19,40	495	2520	2460	2490	0,199	0,0247	0,238	10,8	6,0	1,80
2	1	2,59	2,32	4,91	98,4	97,0	1,4	26,0	26,6	26,3	14,50	381	2470	2435	2450	0,155	0,0129	0,166	12,9	6,0	2,15
	2	2,50	2,28	4,78	98,0	96,9	1,1	26,3	26,6	26,4	12,85	339	2460	2430	2455	0,138	0,0119	0,173	14,1	6,0	2,35
	3	2,48	2,20	4,68	98,0	97,0	1,0	26,0	26,3	26,2	12,25	321	2460	2435	2455	0,131	0,0100	0,152	14,6	6,0	2,43
3	1	2,25	1,93	4,18	97,0	96,0	1,0	26,6	27,6	27,1	12,25	332	2435	2410	2420	0,137	0,0100	0,152	12,6	5,8	2,17
	2	2,02	1,64	3,66	96,9	96,0	0,9	26,6	27,7	27,1	11,60	314	2430	2410	2420	0,130	0,0100	0,161	11,7	5,8	2,02
	3	1,67	1,69	3,36	97,0	96,0	1,0	26,3	27,6	27,0	12,25	331	2435	2410	2420	0,137	0,0100	0,152	10,2	5,8	1,76
4	1	2,27	1,89	4,16	96,0	95,2	0,8	27,6	28,0	27,8	10,95	305	2410	2390	2400	0,127	0,0100	0,171	13,6	5,8	2,35
	2	2,04	1,89	3,93	96,0	95,0	1,0	27,7	28,2	27,9	12,25	342	2410	2385	2400	0,142	0,0100	0,152	11,5	5,8	1,98
	3	2,01	2,07	4,08	96,0	95,0	1,0	27,6	28,0	27,8	12,25	341	2410	2385	2400	0,142	0,0100	0,152	12,0	5,8	2,07
5	1	2,26	2,24	4,50	95,2	93,7	1,5	28,0	29,0	28,5	15,00	427	2390	2350	2370	0,180	0,0159	0,198	10,5	6,0	1,75
	2	2,28	2,21	4,49	95,0	93,8	1,2	28,2	28,9	28,5	13,40	382	2385	2350	2370	0,161	0,0120	0,167	11,8	6,0	1,97
	3	2,42	2,07	4,49	95,0	93,7	1,3	28,0	28,6	28,3	13,95	395	2385	2350	2370	0,167	0,0159	0,213	11,4	6,0	1,90

Bemerkung: Bei den Stauchstichen wurden zur Berechnung der Querschnittflächen F_0 und F_1 die Werte von b_0 aus dem 1. Stich für alle folgenden Stiche verwendet.

Tab. 3 Versuchsergebnisse Flachwalzen

Walztemperatur: 900° C — Werkstoff: C 45

Walzgeschwindigkeit: 0,187 m/s — Walzenhalbmesser: 150 mm

		1	2	3	4	5	6	7	8	9	10	11	12	13	14	15	16	17	18	19	20
		P_1	P_2	P_{ges}	b_0	b_1	Δb	b_0	b_1	b_m	l_d	F_d	F_0	F_1	F_m	F_d/F_m	φ	$\dot{\varphi}_m$	k_{wm}	k_{fm}	$\frac{k_{wm}}{k_{fm}}$
Stich Nr.	Stab	t	t	t	mm	mm	mm	mm	mm	mm	mm	mm^2	mm^2	mm^2	mm^2	–	–	s^{-1}	$\frac{kg}{mm^2}$	$\frac{kg}{mm^2}$	–
1	1	9,6	7,7	17,3	50,0	45,7	4,3	50,3	51,4	50,8	25,4	1290	2515	2350	2432	0,531	0,068	0,50	13,4	10,8	1,24
	2	9,3	7,4	16,7	49,7	45,8	3,9	50,2	51,4	50,8	24,2	1230	2495	2355	2425	0,507	0,067	0,52	13,6	10,8	1,26
	3	9,7	8,1	17,8	50,3	45,8	4,5	49,7	51,1	50,4	26,0	1310	2500	2340	2420	0,541	0,067	0,48	13,6	10,8	1,26
2	1	10,1	7,6	17,7	45,7	41,3	4,4	51,4	52,6	52,0	25,7	1335	2350	2170	2260	0,591	0,079	0,57	13,3	11,2	1,19
	2	9,9	8,1	18,0	45,8	41,4	4,4	51,4	52,4	51,9	25,7	1333	2355	2170	2260	0,590	0,083	0,60	13,5	11,2	1,20
	3	10,1	8,2	18,3	45,8	41,4	4,4	51,1	52,1	51,6	25,7	1326	2340	2160	2250	0,589	0,077	0,56	13,8	11,2	1,23
3	1	10,1	8,9	19,0	41,3	37,1	4,2	52,6	53,8	53,2	25,1	1335	2170	1995	2082	0,641	0,085	0,63	14,2	11,7	1,21
	2	10,2	8,9	19,1	41,4	37,0	4,4	52,4	53,3	53,1	25,7	1365	2170	1990	2080	0,656	0,087	0,63	14,0	11,7	1,20
	3	10,0	9,1	19,1	41,4	37,0	4,4	52,1	53,4	52,8	25,7	1356	2160	1975	2067	0,656	0,091	0,66	14,1	11,7	1,21
4	1	13,7	11,2	24,9	37,1	31,0	6,1	53,8	55,6	54,7	30,3	1656	1995	1725	1860	0,890	0,147	0,91	15,0	14,8	1,02
	2	13,5	11,4	24,9	37,0	31,0	6,0	53,8	55,6	54,7	30,0	1640	1990	1725	1857	0,883	0,143	0,89	15,2	14,8	1,03
	3	13,8	11,4	25,2	37,0	31,0	6,0	53,4	55,4	54,4	30,0	1630	1975	1715	1845	0,884	0,141	0,87	15,5	14,5	1,07
5	1	11,5	10,6	22,1	31,0	26,8	4,2	55,6	56,8	56,2	25,1	1410	1725	1520	1622	0,870	0,127	0,95	15,7	14,4	1,09
	2	11,5	10,4	21,9	31,0	26,8	4,2	55,6	56,8	56,2	25,1	1410	1725	1520	1622	0,870	0,127	0,95	15,5	14,4	1,08
	3	11,4	10,2	21,6	31,0	26,8	4,2	55,4	56,6	56,0	25,1	1405	1715	1515	1615	0,870	0,125	0,93	15,4	14,4	1,07
6	1	17,1	14,1	31,2	26,8	21,2	5,6	56,8	59,1	57,9	29,0	1680	1520	1253	1386	1,213	0,193	1,24	18,6	16,3	1,14
	2	17,0	14,0	31,0	26,8	21,1	5,7	56,8	59,2	58,0	29,3	1700	1520	1255	1387	1,225	0,193	1,23	18,2	16,3	1,12
	3	15,9	13,5	29,4	26,8	21,1	5,7	56,6	58,8	57,7	29,3	1690	1515	1245	1380	1,223	0,198	1,26	17,4	16,3	1,07
7	1	21,1	20,0	41,1	21,2	15,5	5,7	59,1	63,0	61,0	29,3	1790	1253	977	1115	1,605	0,250	1,60	23,0	17,5	1,32
	2	20,6	18,5	39,1	21,1	15,3	5,8	59,2	62,4	60,8	29,5	1795	1255	956	1105	1,625	0,270	1,71	21,8	17,6	1,24
	3	19,5	17,5	37,0	21,1	15,4	5,7	58,8	62,2	60,5	29,3	1775	1245	958	1101	1,610	0,262	1,67	20,9	17,5	1,20
8	1	22,3	21,1	43,4	15,5	10,5	5,0	63,0	66,1	64,5	27,4	1765	977	694	835	2,110	0,342	2,34	24,6	18,0	1,37
	2	23,8	21,4	45,2	15,3	10,5	4,8	62,4	66,8	64,6	26,8	1730	956	702	829	2,085	0,309	2,16	26,1	17,9	1,46
	3	23,2	21,0	44,2	15,4	10,5	4,9	62,2	66,0	64,1	27,1	1735	958	694	826	2,100	0,324	2,24	25,5	18,0	1,42

Stauchstiche

1	1	2,95	2,82	5,77	100,4	98,7	1,7	25,2	25,8	25,5	16,0	408	2530	2490	2510	0,163	0,0179	0,209	14,1	8,2	1,72
	2	3,12	3,01	6,13	100,3	98,7	1,6	25,1	25,8	25,5	15,5	395	2520	2480	2500	0,158	0,0179	0,216	15,5	8,2	1,89
	3	3,45	3,05	6,50	100,5	98,5	2,0	25,0	25,8	25,4	17,3	440	2510	2460	2485	0,177	0,0208	0,225	14,8	8,2	1,80
2	1	2,72	2,64	5,36	98,7	97,6	1,1	25,8	26,5	26,2	12,9	338	2490	2460	2475	0,137	0,0100	0,145	15,8	8,0	1,97
	2	2,53	2,46	4,99	98,7	97,9	0,8	25,8	26,9	26,3	11,0	289	2480	2455	2467	0,117	0,0100	0,169	17,2	8,0	2,15
	3	2,98	2,66	5,64	98,5	97,9	0,6	25,8	26,6	26,2	9,5	249	2460	2445	2452	0,101	0,0100	0,196	22,6	8,1	2,79
3	1	3,08	2,65	5,73	97,6	96,5	1,1	26,5	27,1	26,8	12,8	343	2460	2430	2445	0,140	0,0120	0,176	16,7	8,1	2,06
	2	3,02	2,46	5,48	97,9	96,5	1,4	26,9	27,3	27,1	14,5	393	2455	2420	2437	0,161	0,0149	0,192	13,9	8,1	1,72
	3	2,42	2,45	4,87	97,9	96,7	1,2	26,6	27,3	26,9	13,4	360	2445	2420	2432	0,148	0,0110	0,153	13,5	8,0	1,69
4	1	2,98	2,66	5,64	96,5	95,7	0,8	27,1	27,8	27,5	11,0	302	2430	2410	2420	0,125	0,0100	0,169	18,7	8,0	2,34
	2	3,06	2,70	5,76	96,5	95,8	0,7	27,3	28,0	27,6	10,3	285	2420	2400	2410	0,118	0,0100	0,182	20,2	8,1	2,50
	3	2,92	2,54	5,46	96,7	95,6	1,1	27,3	28,0	27,6	12,8	353	2420	2390	2405	0,147	0,0100	0,146	15,5	8,0	1,94

Bemerkung: Bei den Stauchstichen wurden zur Berechnung der Querschnittsflächen F_0 und F_1 die Werte von b_0 aus dem 1. Stich für alle folgenden Stiche verwendet.

Tab. 4 Versuchsergebnisse Flachwalzen

Temperatur: 900°C
Walzgeschwindigkeit: 1,66 m/s

Werkstoff: C 45
Walzenhalbmesser: 150 mm

		1	2	3	4	5	6	7	8	9	10	11	12	13	14	15	16	17	18	19	20
		P_1	P_2	P_{ges}	b_0	b_1	Δb	b_0	b_1	b_m	l_d	F_d	F_0	F_1	F_m	F_d/F_m	φ	$\dot{\varphi}_m$	k_{wm}	k_{fm}	$\frac{k_{wm}}{k_{fm}}$
Stich Nr.	Stab	t	t	t	mm	mm	mm	mm	mm	mm	mm	mm²	mm²	mm²	mm²	–	–	s^{-1}	$\frac{kg}{mm^2}$	$\frac{kg}{mm^2}$	–
1	1	12,2	10,7	22,9	50,4	45,9	4,5	49,8	50,9	50,4	26,0	1310	2510	2335	2422	0,540	0,071	4,44	17,5	13,2	1,34
	2	11,0	10,9	21,9	50,0	45,9	4,1	50,4	51,2	50,8	24,8	1260	2520	2350	2425	0,520	0,070	4,75	17,4	13,3	1,31
	3	11,6	10,2	21,8	49,7	46,0	3,7	50,5	51,3	50,9	23,6	1200	2510	2360	2435	0,493	0,060	4,25	18,1	13,1	1,38
2	1	13,9	13,1	27,0	45,9	40,9	5,0	50,9	52,4	51,7	27,4	1415	2335	2140	2237	0,633	0,086	5,22	19,1	15,0	1,27
	2	13,9	12,6	26,5	45,9	40,9	5,0	51,2	52,7	51,9	27,4	1420	2350	2155	2252	0,630	0,080	4,84	18,7	15,0	1,25
	3	14,5	12,0	26,5	46,0	41,0	5,0	51,3	52,7	52,0	27,4	1425	2360	2160	2260	0,631	0,088	5,33	18,6	15,0	1,24
3	1	14,0	12,6	26,6	40,9	37,0	3,9	52,4	53,4	52,9	24,2	1280	2140	1975	2057	0,623	0,079	5,41	20,8	15,0	1,38
	2	13,4	11,6	25,0	40,9	37,0	3,9	52,7	53,6	53,1	24,2	1285	2155	1985	2070	0,621	0,083	5,69	19,4	15,0	1,29
	3	13,4	12,0	25,4	41,0	37,0	4,0	52,7	53,3	53,2	24,5	1305	2160	1990	2070	0,630	0,083	5,59	19,4	15,0	1,29
4	1	13,9	14,3	28,2	37,0	32,0	5,0	53,4	54,9	54,2	27,4	1485	1975	1755	1865	0,796	0,118	7,14	19,0	17,0	1,12
	2	15,5	14,1	29,6	37,0	32,0	5,0	53,6	55,2	54,4	27,4	1490	1985	1765	1875	0,795	0,118	7,14	19,8	17,0	1,16
	3	14,7	13,6	28,3	37,0	32,0	5,0	53,8	55,3	54,5	27,4	1495	1990	1770	1880	0,795	0,118	7,14	18,9	17,0	1,11
5	1	15,1	15,6	30,7	32,0	27,1	4,9	54,9	57,0	56,0	27,1	1520	1755	1545	1650	0,922	0,128	7,83	20,2	17,8	1,13
	2	15,0	15,6	30,6	32,0	26,9	5,1	55,2	56,5	55,8	27,7	1545	1765	1520	1642	0,942	0,148	8,90	19,8	18,7	1,06
	3	16,1	14,8	30,9	32,0	27,0	5,0	55,3	56,7	56,0	27,4	1535	1770	1530	1650	0,930	0,147	8,90	20,1	18,7	1,07
6	1	21,5	17,4	38,9	27,1	21,4	5,7	57,0	58,5	57,7	29,3	1690	1545	1250	1397	1,210	0,211	11,93	23,0	–	–
	2	18,5	19,5	38,0	26,9	21,5	5,4	56,5	59,0	57,7	28,5	1645	1520	1270	1395	1,180	0,181	10,58	23,1	20,5	1,13
	3	19,3	18,1	37,4	27,0	21,5	5,5	56,7	59,0	57,8	28,7	1660	1530	1270	1400	1,185	0,186	10,76	22,5	20,5	1,10
7	1	28,9	30,9	59,8	21,4	13,1	8,3	58,5	64,6	61,6	35,3	2175	1250	846	1048	2,075	0,389	18,30	27,5	–	–
	2	30,1	30,4	60,5	21,5	13,1	8,4	59,0	65,6	62,3	35,5	2220	1270	860	1065	2,085	0,389	18,15	27,2	–	–
	3	32,0	28,8	60,8	21,5	13,1	8,4	59,0	65,0	62,0	35,5	2200	1270	852	1061	2,075	0,398	18,65	27,6	–	–

Stauchstiche

1	1	4,14	3,50	7,64	100,8	98,9	1,9	25,0	25,8	25,4	16,9	430	2520	2470	2495	0,172	0,0179	1,76	17,8	8,0	2,22
	2	4,18	3,54	7,72	100,5	98,7	1,8	25,0	25,8	25,4	16,4	417	2510	2465	2487	0,167	0,0179	1,81	18,5	8,0	2,31
	3	3,98	3,40	7,38	100,4	98,8	1,6	25,0	25,7	25,4	15,5	387	2510	2470	2490	0,155	0,0164	1,75	19,0	8,0	2,37
2	1	3,63	3,20	6,83	98,9	97,8	1,1	25,8	26,3	26,0	12,9	336	2470	2445	2457	0,137	0,0100	1,28	20,3	7,5	2,70
	2	3,78	3,34	7,12	98,7	97,8	0,9	25,8	26,4	26,1	11,6	303	2465	2445	2455	0,123	0,0100	1,44	23,5	7,5	3,13
	3	3,41	3,42	6,83	98,8	97,6	1,2	25,7	26,6	26,1	13,4	350	2470	2440	2455	0,143	0,0100	1,24	19,5	7,5	2,60
3	1	3,84	3,22	7,06	97,8	97,0	0,8	26,3	27,0	26,7	11,0	293	2445	2425	2435	0,120	0,0100	1,51	24,1	7,5	3,21
	2	3,90	3,33	7,23	97,8	96,8	1,0	26,4	27,3	26,8	12,3	330	2445	2420	2432	0,136	0,0100	1,35	21,9	7,5	2,92
	3	3,37	2,86	6,23	97,6	97,0	0,6	26,6	27,2	26,9	9,5	256	2440	2425	2432	0,105	0,0100	1,74	24,3	7,5	3,24
4	1	4,33	3,34	7,67	97,0	95,8	1,2	27,0	27,9	27,5	13,4	368	2425	2395	2410	0,153	0,0120	1,49	20,8	7,5	2,77
	2	4,11	3,41	7,52	96,8	95,9	0,9	27,3	27,8	27,5	11,6	319	2420	2400	2410	0,132	0,0100	1,43	23,6	7,5	3,15
	3	3,98	3,05	7,03	97,0	95,8	1,2	27,2	28,2	27,7	13,4	371	2425	2395	2410	0,154	0,0110	1,24	19,0	7,5	2,54

Bemerkung: Bei den Stauchstichen wurden zur Berechnung der Querschnittsflächen F_0 und F_1 die Werte von b_0 aus dem 1. Stich für alle folgenden Stiche verwendet.

Tab. 6 Versuchsergebnisse Kaliberwalzen

Stich: Quadrat 1 → Raute 2
$\varphi = 0{,}25$; Werkstoff: C 45
Walzensprung $s = 4{,}0$ mm

	1	2	3	4	5	6	7	8	9	10	11	12	13	14	15	16	17	18	19	20	21
Stab	P_1	P_2	P_{ges}	F_0	F_1	F_m	F_d	F_d/F_m	k_{wm}	k_{fm}	k_{wm}/k_{fm}	b_0	b_1	b_m	h_{0m}	h_{1m}	Δh_m	$\frac{D_m}{2}$	l_{dm}	F_d^*	F_d^*/F_m
	t	t	t	mm²	mm²	mm²	mm²	–	kg/mm²	kg/mm²	–	mm	mm	mm	mm	mm	mm	mm	mm	mm²	–
									$\vartheta = 1100^0$C;		$\dot{\varphi}_m = 1{,}30\ s^{-1}$										
1	11,2	11,4	22,6	2395	1840	2117	1960	0,926	11,5	7,8	1,48	64,0	68,5	66,3	37,4	26,9	10,5	138,6	38,2	2527	1,194
2	11,2	11,4	22,6	2395	1842	2118	1960	0,926	11,5	7,8	1,48	64,0	68,0	66,0	37,4	27,1	10,3	138,5	37,8	2492	1,176
3	11,3	16,6	22,9	2395	1830	2112	1960	0,928	11,7	7,8	1,50	64,0	69,0	66,5	37,4	26,5	10,9	138,8	38,9	2586	1,224
									$\vartheta = 1000^0$C;		$\dot{\varphi}_m = 1{,}30\ s^{-1}$										
4	14,5	16,3	30,8	2395	1865	2130	1960	0,921	15,7	11,0	1,42	64,0	69,0	66,5	37,4	27,0	10,4	138,5	38,0	2527	1,186
5	13,9	15,4	29,3	2395	1848	2121	1960	0,924	15,0	11,0	1,37	64,0	68,0	66,0	37,4	27,2	10,2	138,4	37,6	2482	1,170
6	13,7	15,4	29,1	2395	1855	2125	1960	0,923	14,9	11,0	1,36	64,0	69,0	66,5	37,4	26,9	10,5	138,6	38,2	2540	1,195
									$\vartheta = 900^0$C;		$\dot{\varphi}_m = 11{,}55\ s^{-1}$										
7	23,3	26,6	49,9	2395	1880	2137	1960	0,918	25,5	21,5	1,19	64,0	69,0	66,5	37,4	27,2	10,2	138,9	37,6	2500	1,170
8	23,3	26,4	49,7	2395	1878	2136	1960	0,918	25,4	21,5	1,18	64,0	68,5	66,3	37,4	27,4	10,0	138,8	37,3	2471	1,157
9	23,1	26,3	49,4	2395	1880	2137	1960	0,918	25,2	21,5	1,17	64,0	69,0	66,5	37,4	27,2	10,2	138,9	37,6	2500	1,170

Tab. 5 Versuchsergebnisse Kaliberwalzen

Stich: Quadrat 1 — Raute 1

$\varphi = 0{,}16$; Werkstoff: C 45

Walzensprung $s = 4{,}0$ mm

	1	2	3	4	5	6	7	8	9	10	11	12	13	14	15	16	17	18	19	20	21
Stab	P_1	P_2	P_{ges}	F_0	F_1	F_m	F_d	F_d/F_m	k_{wm}	k_{fm}	k_{wm}/k_{fm}	b_0	b_1	b_m	h_{0m}	h_{1m}	Δh_m	$\frac{D_m}{2}$	l_{dm}	F_d^*	F_d^*/F_m
	t	t	t	mm²	mm²	mm²	mm²	–	kg/mm²	kg/mm²	–	mm	mm	mm	mm	mm	mm	mm	mm	mm²	–
									$\vartheta = 1100^0$C;		$\dot{\varphi}_m = 0{,}97\ s^{-}$										
1	5,2	9,6	14,8	2395	2038	2216	1430	0,645	10,3	7,1	1,45	64,0	66,0	65,0	37,4	30,9	6,5	136,6	29,8	1937	0,874
2	5,5	9,5	15,0	2395	2025	2210	1430	0,645	10,4	7,1	1,46	64,0	67,0	65,5	37,4	30,2	7,2	136,9	31,4	2057	0,931
3	5,2	9,3	14,5	2395	2030	2212	1430	0,645	10,1	7,1	1,42	64,0	65,0	64,5	37,4	31,2	6,2	136,4	29,1	1877	0,849
									$\vartheta = 1000^0$C;		$\dot{\varphi}_m = 0{,}97\ s^{-1}$										
4	7,6	15,1	22,7	2395	2043	2219	1430	0,645	15,9	10,4	1,52	64,0	65,0	64,5	37,4	31,4	6,0	136,3	28,6	1845	0,831
5	8,0	14,4	22,4	2395	2051	2223	1430	0,645	15,6	10,4	1,50	64,0	66,0	65,0	37,4	31,1	5,7	136,4	27,9	1814	0,816
6	7,6	14,7	22,3	2395	2057	2226	1430	0,645	15,6	10,4	1,50	64,0	66,5	65,3	37,4	30,9	5,5	136,6	27,4	1788	0,803
									$\vartheta = 900^0$C;		$\dot{\varphi}_m = 0{,}97\ s^{-1}$										
7	10,1	17,7	27,8	2395	2033	2214	1430	0,650	19,5	15,1	1,29	64,0	67,0	65,5	37,4	30,3	7,1	136,9	31,2	2044	0,923
8	10,3	18,5	28,8	2395	2060	2227	1430	0,643	20,1	15,1	1,33	64,0	66,0	65,0	37,4	31,2	6,2	136,4	29,1	1892	0,850
9	10,4	18,3	28,7	2395	2035	2215	1430	0,650	20,1	15,1	1,33	62,0	63,0	62,5	38,6	32,3	6,3	135,9	29,3	1831	0,829
									$\vartheta = 900^0$C;		$\dot{\varphi}_m = 8{,}63\ s^{-1}$										
10	13,1	23,7	36,8	2395	2077	2236	1430	0,639	25,7	18,8	1,37	64,0	67,0	65,5	37,4	30,8	6,6	131,6	29,5	1930	0,892
11	12,8	23,0	35,8	2395	2058	2226	1430	0,642	25,0	18,8	1,33	64,0	65,5	64,8	37,4	31,4	6,0	131,3	28,1	1816	0,863
12	12,8	23,2	36,0	2395	2065	2230	1430	0,641	25,2	18,8	1,34	64,0	67,0	65,5	37,4	30,8	6,6	131,6	29,5	1930	0,892

Tab. 7 Versuchsergebnisse Kaliberwalzen

Stich: Quadrat 2 → Raute 3
$\varphi = 0{,}21$; Werkstoff: C 45
Walzensprung $s = 2{,}0$ mm

	1	2	3	4	5	6	7	8	9	10	11	12	13	14	15	16	17	18	19	20	21
Stab	P_1	P_2	P_{ges}	F_0	F_1	F_m	F_d	F_d/F_m	k_{wm}	k_{fm}	k_{wm}/k_{fm}	b_0	b_1	b_m	b_{0m}	b_{1m}	Δb_m	$\frac{D_m}{2}$	l_{dm}	F_d^*	F_d^*/F_m
	t	t	t	mm²	mm²	mm²	mm²	–	kg/mm²	kg/mm²	–	mm	mm	mm	mm	mm	mm	mm	mm	mm²	–
									$\vartheta = 1100^0$C;	$\dot{\varphi}_m = 1{,}02\ s^{-1}$											
1	12,7	4,9	17,6	1660	1350	1505	1440	0,956	12,2	7,5	1,63	54,0	58,0	56,0	30,7	23,3	7,4	139,4	32,1	1799	1,195
2	12,1	4,9	17,0	1665	1350	1507	1440	0,956	11,8	7,5	1,57	53,5	58,0	55,8	29,9	23,3	6,6	139,4	30,3	1691	1,122
3	11,7	4,6	16,3	1660	1350	1505	1440	0,956	11,3	7,5	1,51	54,0	58,0	56,0	30,7	23,3	7,4	139,4	32,1	1799	1,195
									$\vartheta = 1000^0$C;	$\dot{\varphi}_m = 1{,}02\ s^{-1}$											
4	15,6	6,3	21,9	1685	1355	1520	1440	0,947	15,2	11,0	1,38	54,0	58,0	56,0	31,2	23,4	7,8	139,3	33,0	1848	1,215
5	15,8	6,5	22,3	1685	1360	1522	1440	0,947	15,5	11,0	1,41	54,0	58,0	56,0	31,2	23,4	7,8	139,3	33,0	1848	1,215
6	15,5	6,6	22,1	1685	1355	1520	1440	0,947	15,4	11,0	1,40	54,0	58,5	56,3	31,2	23,2	8,0	139,4	33,4	1879	1,236
									$\vartheta = 900^0$C;	$\dot{\varphi}_m = 1{,}02\ s^{-1}$											
7	21,0	9,1	30,1	1710	1370	1540	1440	0,935	20,9	16,5	1,27	54,0	58,0	56,0	31,7	23,6	8,1	139,2	33,6	1882	1,222
8	21,0	9,3	30,3	1715	1375	1545	1440	0,933	21,0	16,5	1,27	54,0	58,5	56,3	31,8	23,5	8,3	139,3	34,0	1913	1,238
9	22,2	9,4	31,6	1712	1415	1563	1440	0,922	21,9	16,5	1,33	54,0	58,0	56,0	31,7	24,4	7,3	138,8	31,8	1781	1,139
									$\vartheta = 900^0$C;	$\dot{\varphi}_m = 9{,}05\ s^{-1}$											
10	27,0	12,6	39,6	1720	1373	1546	1440	0,932	27,5	21,0	1,31	54,0	57,5	55,8	31,8	23,9	7,9	138,6	33,1	1789	1,156
11	28,4	12,6	41,0	1715	1385	1550	1440	0,930	28,5	21,0	1,36	54,0	58,5	56,3	31,7	23,8	7,9	138,6	33,1	1805	1,164
12	26,6	12,4	39,0	1715	1368	1541	1440	0,937	27,1	21,0	1,29	54,0	58,5	56,3	31,7	23,4	8,3	138,8	33,9	1907	1,237

Tab. 8 Versuchsergebnisse Kaliberwalzen

Stich: Quadrat 2 → Oval 1
$\varphi = 0{,}22$; Werkstoff: C 45
Walzensprung $s = 2{,}5$ mm

	1	2	3	4	5	6	7	8	9	10	11	12	13	14	15	16	17	18	19	20	21
Stab	P_1	P_2	P_{ges}	F_0	F_1	F_m	F_d	F_d/F_m	k_{wm}	k_{fm}	k_{wm}/k_{fm}	b_0	b_1	b_m	h_{0m}	h_{1m}	Δh_m	$\frac{D_m}{2}$	l_{dm}	F_d^*	F_d^*/F_m
	t	t	t	mm²	mm²	mm²	mm²	–	kg/mm²	kg/mm²	–	mm	mm	mm	mm	mm	mm	mm	mm	mm²	–
									$\vartheta = 1100^0$C;	$\dot{\varphi}_m = 1{,}19\ s^{-1}$											
1	5,4	13,0	18,4	1660	1340	1500	1500	1,000	12,3	7,7	1,60	41,5	47,0	44,3	40,0	28,5	11,5	137,0	39,7	1757	1,178
2	5,4	12,5	17,9	1665	1360	1512	1500	0,993	12,0	7,7	1,56	41,0	47,0	44,0	40,6	28,9	11,7	136,8	40,0	1760	1,164
3	5,5	13,5	19,0	1660	1345	1502	1500	1,000	12,7	7,7	1,65	41,0	47,0	44,0	40,5	28,6	11,9	137,0	40,4	1778	1,182
									$\vartheta = 1000^0$C;	$\dot{\varphi}_m = 1{,}19\ s^{-1}$											
4	7,2	17,6	24,8	1685	1340	1512	1500	0,992	16,5	11,0	1,50	41,5	47,0	44,3	40,6	28,5	12,1	137,0	40,7	1801	1,191
5	7,1	17,1	24,2	1685	1320	1502	1500	1,000	16,1	11,0	1,46	41,5	47,0	44,3	40,6	28,1	12,5	137,2	41,4	1831	1,219
6	7,0	17,1	24,1	1685	1350	1517	1500	0,989	16,1	11,0	1,46	41,5	47,0	44,3	40,6	28,7	11,9	136,9	40,4	1788	1,179
									$\vartheta = 900^0$C;	$\dot{\varphi}_m = 1{,}19\ s^{-1}$											
7	9,4	23,4	32,8	1710	1375	1542	1500	0,973	21,9	16,8	1,30	42,0	46,5	44,3	40,7	29,6	11,1	136,5	38,9	1721	1,116
8	9,1	22,9	32,0	1715	1375	1545	1500	0,971	21,3	16,8	1,27	42,0	46,5	44,3	40,8	29,6	11,2	136,5	39,1	1730	1,120
9	9,0	22,8	31,8	1712	1375	1543	1500	0,973	21,2	16,8	1,26	42,0	46,5	44,3	40,7	29,6	11,1	136,5	38,9	1721	1,116
									$\vartheta = 900^0$C;	$\dot{\varphi}_m = 10{,}55\ s^{-1}$											
10	12,5	30,4	42,9	1720	1380	1550	1500	0,969	28,6	21,0	1,36	42,0	46,0	44,0	41,0	30,0	11,0	136,3	38,7	1780	1,148
11	12,7	30,9	43,6	1715	1375	1545	1500	0,972	29,1	21,0	1,39	42,0	46,3	44,2	40,8	29,7	11,1	136,4	38,9	1802	1,167
12	12,6	30,3	42,9	1715	1375	1545	1500	0,972	28,6	21,0	1,36	42,0	46,2	44,1	40,8	29,8	11,0	136,4	38,9	1797	1,163

Tab. 9 Versuchsergebnisse Kaliberwalzen

Stich: Quadrat 3 → Oval 3
$\varphi = 0{,}25$; Werkstoff: C 45
Walzensprung $s = 2{,}0$ mm

	1	2	3	4	5	6	7	8	9	10	11	12	13	14	15	16	17	18	19	20	21
Stab	P_1	P_2	P_{ges}	F_0	F_1	F_m	F_d	F_d/F_m	k_{wm}	k_{fm}	k_{wm}/k_{fm}	b_0	b_1	b_m	b_{0m}	b_{1m}	Δb_m	$\frac{D_m}{2}$	l_{dm}	F_d^*	F_d^*/F_m
	t	t	t	mm²	mm²	mm²	mm²	–	kg/mm²	kg/mm²	–	mm	mm	mm	mm	mm	mm	mm	mm	mm²	–
									$\vartheta = 1100^0$C;	$\dot{\varphi}_m = 1{,}17\ s^{-1}$											
1	15,0	5,5	20,5	1445	1120	1282	1470	1,147	13,9	7,8	1,78	39,0	46,0	42,50	37,1	24,3	12,8	138,9	42,2	1794	1,400
2	12,9	4,9	17,8	1440	1125	1282	1470	1,147	12,1	7,8	1,55	39,0	46,0	42,50	36,3	24,5	11,8	138,8	40,5	1721	1,342
3	13,2	5,1	18,3	1440	1105	1272	1470	1,155	12,5	7,8	1,60	39,0	45,0	42,00	36,9	24,6	12,3	138,7	41,3	1735	1,363
									$\vartheta = 1000^0$C;	$\dot{\varphi}_m = 1{,}17\ s^{-1}$											
4	16,8	6,5	23,3	1450	1125	1287	1470	1,142	15,9	11,0	1,45	39,0	45,0	42,00	37,2	25,0	12,2	138,5	41,1	1726	1,341
5	17,3	6,0	23,3	1455	1115	1285	1470	1,143	15,9	11,0	1,45	39,0	45,0	42,00	37,3	24,8	12,5	138,6	41,6	1747	1,360
6	17,6	6,5	24,1	1455	1125	1290	1470	1,138	16,4	11,0	1,49	39,0	45,5	42,25	37,3	24,7	12,6	138,6	41,8	1766	1,369
									$\vartheta = 900^0$C;	$\dot{\varphi}_m = 1{,}17\ s^{-1}$											
7	21,9	8,9	30,8	1460	1145	1302	1470	1,129	20,9	16,8	1,25	39,0	45,0	42,00	37,4	25,4	12,0	138,3	40,7	1709	1,313
8	21,0	8,2	29,2	1460	1145	1302	1470	1,129	19,9	16,8	1,19	39,0	45,0	42,00	37,4	25,4	12,0	138,3	40,7	1709	1,313
9	22,0	8,0	30,0	1455	1145	1300	1470	1,130	20,4	16,8	1,22	39,0	45,0	42,00	37,3	25,4	11,9	138,3	40,6	1705	1,312
									$\vartheta = 900^0$C;	$\dot{\varphi}_m = 10{,}43\ s^{-1}$											
10	27,2	10,2	37,4	1460	1135	1297	1470	1,133	25,4	–	–	39,0	45,5	42,30	37,4	24,9	12,5	139,1	41,7	1762	1,359
11	26,6	10,5	37,1	1465	1135	1300	1470	1,130	25,2	–	–	39,0	45,5	42,30	37,6	24,9	12,7	139,1	42,0	1775	1,365
12	26,0	10,2	36,2	1465	1140	1302	1470	1,128	24,6	–	–	39,0	45,0	42,00	37,6	25,3	12,3	138,9	41,3	1735	1,333

Tab. 10 Versuchsergebnisse Kaliberwalzen

Stich: Quadrat 4 → Oval 2
$\varphi = 0{,}21$; Werkstoff: C 45
Walzensprung $s = 2{,}5$ mm

	1	2	3	4	5	6	7	8	9	10	11	12	13	14	15	16	17	18	19	20	21
Stab	P_1	P_2	P_{ges}	F_0	F_1	F_m	F_d	F_d/F_m	k_{wm}	k_{fm}	k_{wm}/k_{fm}	b_0	b_1	b_m	h_{0m}	h_{1m}	Δh_m	$\frac{D_m}{2}$	l_{dm}	F_d^*	F_d^*/F_m
	t	t	t	mm²	mm²	mm²	mm²	–	kg/mm²	kg/mm²	–	mm	mm	mm	mm	mm	mm	mm	mm	mm²	–
									$\vartheta = 1100^0$ C;	$\dot{\varphi}_m = 1{,}31\ s^{-1}$											
1	9,8	3,0	12,8	1075	864	969	1090	1,125	11,7	7,6	1,54	33,5	37,5	35,5	32,0	23,0	9,0	139,8	35,5	1260	1,300
2	9,0	3,3	12,3	1070	864	967	1090	1,128	11,3	7,6	1,49	33,5	38,0	35,8	31,9	22,7	9,2	139,9	35,9	1283	1,327
3	9,3	3,3	12,6	1077	864	970	1090	1,125	11,6	7,6	1,53	33,5	38,0	35,8	32,1	22,7	9,4	139,9	36,3	1298	1,338
									$\vartheta = 1000^0$ C;	$\dot{\varphi}_m = 1{,}31\ s^{-1}$											
4	13,4	4,2	17,6	1085	880	982	1090	1,110	16,2	11,0	1,47	33,5	38,0	35,8	32,4	23,2	9,2	139,7	35,9	1283	1,307
5	12,8	4,1	16,9	1085	880	982	1090	1,110	15,5	11,0	1,41	33,5	38,0	35,8	31,9	23,2	8,7	139,7	34,9	1248	1,271
6	13,2	4,1	17,3	1100	890	995	1090	1,095	15,9	11,0	1,45	33,5	38,0	35,8	32,1	23,4	8,7	139,6	34,9	1248	1,254
									$\vartheta = 900^0$ C;	$\dot{\varphi}_m = 1{,}31\ s^{-1}$											
7	19,5	6,5	26,0	1080	895	987	1090	1,104	23,8	16,5	1,44	34,0	38,0	36,0	31,8	23,6	8,2	139,5	33,8	1217	1,233
8	18,9	6,3	25,2	1095	896	995	1090	1,096	23,1	16,5	1,40	34,0	38,5	36,3	32,2	23,3	8,9	139,7	35,3	1280	1,286
9	20,1	7,0	27,1	1110	898	1004	1090	1,086	24,9	16,5	1,51	34,0	39,0	36,5	32,6	23,0	9,6	139,8	36,6	1336	1,331
									$\vartheta = 900^0$ C;	$\dot{\varphi}_m = 11{,}65\ s^{-1}$											
10	22,5	7,5	30,0	1100	882	991	1090	1,100	27,5	21,0	1,31	33,5	37,5	35,5	32,8	23,5	9,3	139,5	36,0	1278	1,290
11	23,3	8,0	31,3	1100	895	997	1090	1,093	28,7	21,0	1,37	34,0	38,0	36,0	32,3	23,6	8,7	139,5	34,8	1253	1,257
12	23,5	8,8	32,3	1100	890	995	1090	1,095	29,6	21,0	1,41	34,0	38,0	36,0	32,3	23,4	8,9	139,6	35,2	1268	1,273

Tab. 11 Versuchsergebnisse Kaliberwalzen

Stich: Quadrat 4 → Oval 4
$\varphi = 0{,}38$; Werkstoff: C 45
Walzensprung $s = 2{,}5$ mm

	1	2	3	4	5	6	7	8	9	10	11	12	13	14	15	16	17	18	19	20	21
Stab	P_1	P_2	P_{ges}	F_0	F_1	F_m	F_d	F_d/F_m	k_{wm}	k_{fm}	k_{wm}/k_{fm}	b_0	b_1	b_m	b_{0m}	b_{1m}	Δb_m	$\frac{D_m}{2}$	l_{dm}	F_d^*	F_d^*/F_m
	t	t	t	mm²	mm²	mm²	mm²	–	kg/mm²	kg/mm²	–	mm	mm	mm	mm	mm	mm	mm	mm	mm²	–
									$\vartheta = 1100\,C^0$;	$\dot\varphi_m = 1{,}85\ s^{-1}$											
1	15,6	9,2	24,8	1075	762	918	1590	1,731	15,6	8,0	1,95	33,5	47,0	40,3	32,0	16,2	15,8	143,2	47,6	1916	2,087
2	15,6	9,3	24,9	1070	748	909	1590	1,750	15,7	8,0	1,96	33,5	46,0	39,8	31,9	16,3	15,6	143,1	47,2	1876	2,064
3	15,5	8,8	24,3	1077	747	912	1590	1,742	15,3	8,0	1,91	33,5	46,5	40,0	32,1	16,1	16,0	143,2	47,9	1916	2,101
									$\vartheta = 1000\,C^0$;	$\dot\varphi_m = 1{,}85\ s^{-1}$											
4	19,1	11,4	30,5	1085	750	917	1590	1,734	19,2	11,5	1,67	33,5	46,0	39,8	32,4	16,3	16,1	143,1	48,0	1908	2,081
5	19,9	12,5	32,4	1085	745	915	1590	1,738	20,8	11,5	1,81	33,5	46,0	39,8	32,4	16,2	16,2	143,2	48,0	1908	2,085
6	19,1	11,8	30,9	1100	741	920	1590	1,729	19,4	11,5	1,69	33,5	46,0	39,8	32,8	16,1	16,7	143,2	48,9	1944	2,113
									$\vartheta = 900\,C^0$;	$\dot\varphi_m = 16{,}50\ s^{-1}$											
7	31,9	19,8	51,7	1100	733	916	1590	1,736	32,5	–	–	33,5	45,0	39,3	32,8	16,3	16,5	143,1	48,6	1908	2,084
8	33,0	20,1	53,1	1100	740	920	1590	1,728	33,4	–	–	33,5	45,0	39,3	32,8	16,4	16,4	143,1	48,4	1900	2,065
9	32,1	20,3	52,4	1100	740	920	1590	1,728	33,0	–	–	33,5	45,5	39,5	32,8	16,3	16,5	143,1	48,6	1918	2,085

Tab. 12 Versuchsergebnisse Kaliberwalzen

Stich: Raute 1 → Quadrat 2
$\varphi = 0{,}18$; Werkstoff: C 45
Walzensprung $s = 1{,}0$ mm

	1	2	3	4	5	6	7	8	9	10	11	12	13	14	15	16	17	18	19	20	21
Stab	P_1	P_2	P_{ges}	F_0	F_1	F_m	F_d	F_d/F_m	k_{wm}	k_{fm}	k_{wm}/k_{fm}	b_0	b_1	b_m	h_{0m}	h_{1m}	Δh_m	$\frac{D_m}{2}$	l_{dm}	F_d^*	F_d^*/F_m
	t	t	t	mm²	mm²	mm²	mm²	–	kg/mm²	kg/mm²	–	mm	mm	mm	mm	mm	mm	mm	mm	mm²	–
									$\vartheta = 1100^\circ$C;		$\dot{\varphi}_m = 1{,}11\ s^{-1}$										
1	9,0	6,6	15,6	2038	1660	1849	1450	0,785	10,8	7,5	1,44	52,0	54,0	53,0	39,2	30,7	8,5	135,2	33,9	1797	0,972
2	8,8	6,7	15,5	2025	1665	1840	1450	0,789	10,7	7,5	1,43	51,0	53,5	52,3	39,7	31,1	8,6	135,0	34,1	1782	0,968
3	8,5	6,5	15,0	2030	1660	1845	1450	0,787	10,3	7,5	1,38	52,5	54,0	53,5	38,7	30,7	8,0	135,2	32,9	1752	0,950
									$\vartheta = 1000^\circ$C;		$\dot{\varphi}_m = 1{,}11\ s^{-1}$										
4	12,5	9,6	22,1	2043	1685	1864	1450	0,778	15,3	10,8	1,42	52,0	54,0	53,0	39,3	31,8	7,5	134,6	31,7	1712	0,918
5	12,0	9,4	21,4	2051	1685	1868	1450	0,777	14,8	10,8	1,37	52,0	54,0	53,0	39,4	31,8	7,6	134,6	32,0	1728	0,925
6	11,9	9,4	21,3	2057	1685	1871	1450	0,775	14,7	10,8	1,36	52,0	54,0	53,0	39,5	31,8	7,7	134,6	32,2	1739	0,929
									$\vartheta = 900^\circ$C;		$\dot{\varphi}_m = 1{,}11\ s^{-1}$										
7	16,2	13,2	29,4	2033	1710	1870	1450	0,775	20,3	16,0	1,27	51,0	54,0	52,5	39,9	31,7	8,2	134,6	33,2	1743	0,932
8	16,3	13,3	29,6	2060	1715	1887	1450	0,769	20,4	16,0	1,28	52,0	54,0	53,0	39,6	31,8	7,8	134,6	32,4	1717	0,910
9	16,5	12,7	29,2	2035	1712	1873	1450	0,774	20,1	16,0	1,26	52,0	54,0	53,0	39,1	31,7	7,4	134,6	31,8	1685	0,900
									$\vartheta = 900^\circ$C;		$\dot{\varphi}_m = 9{,}95\ s^{-1}$										
10	20,7	16,7	37,4	2077	1720	1898	1450	0,764	25,8	20,0	1,29	52,0	54,0	53,0	39,7	31,9	7,8	130,1	31,9	1690	0,893
11	20,6	16,2	36,8	2058	1715	1886	1450	0,768	25,4	20,0	1,27	52,0	54,0	53,0	39,5	31,7	7,8	130,2	32,0	1696	0,900
12	20,4	16,1	36,5	2065	1715	1890	1450	0,767	25,2	20,0	1,26	52,0	54,0	53,0	39,7	31,7	8,0	130,2	32,3	1712	0,906

Tab. 13 Versuchsergebnisse Kaliberwalzen

Stich: Raute 2 → Quadrat 3
$\varphi = 0{,}24$; Werkstoff: C 45
Walzensprung $s = 2{,}0$ mm

	1	2	3	4	5	6	7	8	9	10	11	12	13	14	15	16	17	18	19	20	21
Stab	P_1	P_2	P_{ges}	F_0	F_1	F_m	F_d	F_d/F_m	k_{wm}	k_{fm}	k_{wm}/k_{fm}	b_0	b_1	b_m	h_{0m}	h_{1m}	Δh_m	$\frac{D_m}{2}$	l_{dm}	F_d^*	F_d^*/F_m
	t	t	t	mm²	mm²	mm²	mm²	–	kg/mm²	kg/mm²	–	mm	mm	mm	mm	mm	mm	mm	mm	mm²	–
									$\vartheta = 1100^0$C;		$\dot{\varphi}_m = 1{,}25\ s^{-1}$										
1	8,7	9,7	18,4	1840	1445	1642	1480	0,903	12,4	7,5	1,65	45,0	48,0	46,5	40,9	30,1	10,8	135,9	38,3	1781	1,085
2	8,2	9,4	17,6	1842	1440	1641	1480	0,903	11,9	7,5	1,59	45,0	49,0	47,0	40,9	29,4	11,5	136,3	39,6	1861	1,133
3	7,2	8,2	15,4	1830	1440	1635	1480	0,905	10,4	7,5	1,39	45,0	48,0	46,5	40,7	30,0	10,7	136,0	38,2	1774	1,085
									$\vartheta = 1000^0$C;		$\dot{\varphi}_m = 1{,}25\ s^{-1}$										
4	11,9	13,5	25,4	1865	1450	1657	1480	0,894	17,2	11,0	1,56	45,0	49,0	46,5	41,4	29,6	11,8	136,2	40,1	1865	1,126
5	11,7	13,8	25,5	1848	1455	1651	1480	0,897	17,2	11,0	1,56	45,0	49,0	46,5	41,1	29,7	11,4	136,2	39,4	1832	1,110
6	11,7	13,3	25,0	1855	1455	1655	1480	0,895	16,9	11,0	1,54	45,0	49,0	46,5	41,2	29,7	11,5	136,2	39,6	1841	1,112
									$\vartheta = 900^0$C;		$\dot{\varphi}_m = 1{,}25\ s^{-1}$										
7	14,6	16,7	31,3	1860	1460	1660	1480	0,892	21,1	17,0	1,24	45,0	48,0	46,5	41,3	30,4	10,9	135,8	38,5	1790	1,078
8	13,9	16,8	30,7	1860	1460	1660	1480	0,892	20,7	17,0	1,21	45,0	48,5	46,8	41,3	30,1	11,2	136,0	39,0	1823	1,098
9	13,5	16,0	29,5	1860	1455	1657	1480	0,893	19,9	17,0	1,17	45,5	48,0	46,8	40,9	30,3	10,6	135,9	38,0	1777	1,072
									$\vartheta = 900^0$C;		$\dot{\varphi}_m = 11{,}15\ s^{-1}$										
10	20,1	22,6	42,7	1880	1460	1670	1480	0,887	28,9	21,5	1,34	45,5	48,0	46,8	41,3	30,4	10,9	135,8	38,5	1800	1,078
11	20,1	23,0	43,1	1878	1465	1671	1480	0,887	29,1	21,5	1,35	45,5	50,0	47,8	41,4	29,2	12,2	136,4	40,4	1930	1,160
12	17,5	20,8	38,3	1880	1465	1672	1480	0,887	25,9	21,5	1,21	45,5	50,0	47,8	41,3	29,3	12,0	136,4	40,4	1930	1,154

Tab. 14 Versuchsergebnisse Kaliberwalzen

Stich: Raute 3 → Quadrat 4
$\varphi = 0{,}23$; Werkstoff: C 45
Walzensprung $s = 1{,}5$ mm

	1	2	3	4	5	6	7	8	9	10	11	12	13	14	15	16	17	18	19	20	21
Stab	P_1	P_2	P_{ges}	F_0	F_1	F_m	F_d	F_d/F_m	k_{wm}	k_{fm}	k_{wm}/k_{fm}	b_0	b_1	b_m	b_{0m}	b_{1m}	Δh_m	$\frac{D_m}{2}$	l_{dm}	F_d^*	F^*/F_m
	t	t	t	mm²	mm²	mm²	mm²	–	kg/mm²	kg/mm²	–	mm	mm	mm	mm	mm	mm	mm	mm	mm²	–
									$\vartheta = 1100^0$C;	$\dot{\varphi}_m = 1{,}17\ s^{-1}$											
1	8,3	6,3	14,6	1350	1075	1212	1180	0,972	12,4	7,5	1,65	36,5	41,0	38,75	37,0	26,2	10,8	137,7	38,6	1496	1,234
2	7,7	5,8	13,5	1350	1070	1210	1180	0,972	11,5	7,5	1,53	36,5	41,0	38,75	37,0	26,1	10,9	137,6	38,7	1500	1,240
3	7,8	5,8	13,6	1350	1077	1213	1180	0,972	11,5	7,5	1,53	36,5	41,0	38,75	37,0	26,3	10,7	137,7	38,4	1488	1,227
									$\vartheta = 1000^0$C;	$\dot{\varphi}_m = 1{,}17\ s^{-1}$											
4	11,1	8,1	19,2	1355	1085	1220	1180	0,967	16,3	11,0	1,48	36,5	41,0	38,75	37,1	26,5	10,6	137,5	38,2	1480	1,213
5	10,9	8,0	18,9	1360	1085	1222	1180	0,967	16,0	11,0	1,45	36,5	41,0	38,75	37,3	26,5	10,8	137,5	38,5	1492	1,221
6	10,5	7,6	18,1	1355	1100	1227	1180	0,962	15,3	11,0	1,39	36,5	41,0	38,75	37,1	26,8	10,3	137,4	37,6	1457	1,187
									$\vartheta = 900^0$C;	$\dot{\varphi}_m = 1{,}17\ s^{-1}$											
7	14,3	10,8	25,1	1370	1080	1225	1180	0,964	21,3	17,0	1,25	37,0	41,0	39,00	37,0	26,3	10,7	137,7	38,6	1505	1,229
8	14,7	10,8	25,5	1375	1095	1235	1180	0,956	21,6	17,0	1,27	38,0	41,0	39,50	36,2	26,7	9,5	137,4	36,1	1426	1,155
9	16,3	12,3	28,6	1415	1110	1262	1180	0,935	24,2	17,0	1,42	38,0	42,5	40,25	37,2	26,1	11,1	137,6	39,1	1573	1,245
									$\vartheta = 900^0$C;	$\dot{\varphi}_m = 10{,}40\ s^{-1}$											
10	18,8	14,5	33,3	1373	1100	1236	1180	0,955	28,2	21,0	1,34	37,5	41,5	39,50	36,7	26,5	10,2	137,5	37,4	1491	1,197
11	18,2	14,1	32,3	1385	1100	1242	1180	0,951	27,4	21,0	1,31	37,5	41,3	39,40	37,2	26,6	10,6	137,4	38,5	1517	1,218
12	17,8	14,1	31,9	1368	1100	1234	1180	0,956	27,0	21,0	1,29	37,0	41,3	39,15	37,0	26,6	10,4	137,4	38,1	1492	1,208

Tab. 15 Versuchsergebnisse Kaliberwalzen

Stich: Oval 1 → Rund 1
$\varphi = 0{,}16$; Werkstoff: C 45
Walzensprung $s = 1{,}0$ mm

	1	2	3	4	5	6	7	8	9	10	11	12	13	14	15	16	17	18	19	20	21
Stab	P_1	P_2	P_{ges}	F_0	F_1	F_m	F_d	F_d/F_m	k_{wm}	k_{fm}	k_{wm}/k_{fm}	b_0	b_1	b_m	h_{0m}	h_{1m}	Δh_m	$\frac{D_m}{2}$	l_{dm}	F_d^*	F_d^*/F_m
	t	t	t	mm²	mm²	mm²	mm²	–	kg/mm²	kg/mm²	–	mm	mm	mm	mm	mm	mm	mm	mm	mm²	–
									$\vartheta = 1100^0$C;		$\dot{\varphi}_m = 1{,}00\ s^{-1}$										
1	7,5	4,3	11,8	1340	1140	1240	1040	0,838	11,3	7,4	1,53	34,5	39,0	36,8	38,8	29,2	9,6	136,0	36,2	1330	1,073
2	7,4	3,8	11,2	1360	1138	1249	1040	0,833	10,8	7,4	1,46	35,0	39,0	37,0	38,9	29,2	9,7	136,0	36,3	1343	1,075
3	7,0	3,8	10,8	1345	1130	1237	1040	0,841	10,4	7,4	1,41	35,0	39,0	37,0	38,4	29,0	9,4	136,1	35,8	1325	1,071
									$\vartheta = 1000^0$C;		$\dot{\varphi}_m = 1{,}00\ s^{-1}$										
4	10,7	5,6	16,3	1340	1145	1242	1040	0,837	15,7	10,5	1,50	35,0	40,0	37,5	38,3	28,6	9,7	136,3	36,4	1365	1,098
5	10,0	5,6	15,6	1320	1140	1230	1040	0,845	15,0	10,5	1,43	35,0	39,0	37,0	37,7	29,2	8,5	136,0	34,0	1258	1,023
6	10,2	5,6	15,8	1350	1143	1246	1040	0,834	15,2	10,5	1,45	35,0	40,0	37,5	38,6	28,6	10,0	136,3	36,9	1384	1,111
									$\vartheta = 900^0$C;		$\dot{\varphi}_m = 1{,}00\ s^{-1}$										
7	16,2	8,4	24,6	1375	1175	1275	1040	0,816	23,6	15,5	1,52	36,0	40,0	38,0	38,2	29,4	8,8	135,9	34,6	1315	1,031
8	14,9	8,1	23,0	1375	1164	1269	1040	0,821	22,1	15,5	1,43	36,0	39,0	37,5	38,2	29,8	8,4	135,7	33,8	1268	0,999
9	15,1	8,5	23,6	1375	1160	1267	1040	0,821	22,7	15,5	1,46	35,5	39,0	37,3	38,7	29,7	9,0	135,7	35,0	1304	1,029
									$\vartheta = 900^0$C;		$\dot{\varphi}_m = 8{,}90\ s^{-1}$										
10	19,3	10,0	29,3	1380	1163	1271	1040	0,819	28,1	19,4	1,45	35,5	39,5	37,5	38,8	29,5	9,3	135,8	35,5	1331	1,047
11	18,5	10,4	28,9	1375	1162	1268	1040	0,821	27,8	19,4	1,43	36,0	39,5	37,8	38,2	29,4	8,8	135,9	34,6	1306	1,030
12	18,3	10,1	28,4	1375	1157	1266	1040	0,822	27,3	19,4	1,41	36,0	39,5	37,8	38,2	29,3	8,9	135,9	34,8	1314	1,038

Tab. 16 *Versuchsergebnisse Kaliberwalzen*

Stich: Oval 2 → Rund 2
$\varphi = 0{,}18$; Werkstoff: C 45
Walzensprung $s = 1{,}5$ mm

	1	2	3	4	5	6	7	8	9	10	11	12	13	14	15	16	17	18	19	20	21
Stab	P_1	P_2	P_{ges}	F_0	F_1	F_m	F_d	F_d/F_m	k_{wm}	k_{fm}	k_{wm}/k_{fm}	b_0	b_1	b_m	h_{0m}	h_{1m}	Δh_m	$\frac{D_m}{2}$	l_{dm}	F_d^*	F_d^*/F_m
	t	t	t	mm²	mm²	mm²	mm²	–	kg/mm²	kg/mm²	–	mm	mm	mm	mm	mm	mm	mm	mm	mm²	–
									$\vartheta = 1100^0$C;		$\dot{\varphi}_m = 1{,}05\ s^{-1}$										
1	3,4	5,2	8,6	864	723	793	750	0,947	11,5	7,5	1,53	28,0	31,0	29,5	30,9	23,3	7,6	139,1	32,5	959	1,209
2	3,3	4,8	8,1	864	720	792	750	0,947	10,8	7,5	1,44	28,0	31,0	29,5	30,9	23,2	7,7	139,2	32,7	965	1,218
3	3,5	4,8	8,3	864	723	793	750	0,947	11,1	7,5	1,48	28,0	31,0	29,5	30,9	23,3	7,6	139,1	32,5	959	1,209
									$\vartheta = 1000^0$C;		$\dot{\varphi}_m = 1{,}05\ s^{-1}$										
4	4,9	7,9	12,8	880	730	805	750	0,932	17,0	10,8	1,57	28,0	32,0	30,0	31,4	22,8	8,6	139,4	34,6	1038	1,289
5	4,8	7,6	12,4	880	729	805	750	0,932	16,5	10,8	1,53	28,0	31,0	29,5	31,4	23,5	7,9	139,0	33,2	978	1,215
6	4,9	7,7	12,6	890	730	810	750	0,926	16,8	10,8	1,56	28,0	31,0	29,5	31,4	23,5	7,9	139,0	33,2	978	1,207
									$\vartheta = 900^0$C;		$\dot{\varphi}_m = 1{,}05\ s^{-1}$										
7	6,2	10,2	16,4	895	739	817	750	0,918	21,9	15,8	1,39	28,0	31,5	29,8	32,0	23,5	8,5	139,8	34,5	1026	1,256
8	6,3	10,2	16,5	896	747	821	750	0,909	22,0	15,8	1,39	28,0	31,5	29,8	32,0	23,7	8,3	139,8	34,1	1014	1,235
9	6,2	10,6	16,8	898	756	827	750	0,902	22,4	15,8	1,42	28,0	31,5	29,8	32,1	24,0	8,1	139,7	33,6	1000	1,209
									$\vartheta = 900^0$C;		$\dot{\varphi}_m = 9{,}32\ s^{-1}$										
10	7,4	13,2	20,6	882	753	817	750	0,918	27,5	20,0	1,38	28,0	32,0	30,0	31,5	23,6	7,9	139,0	33,1	993	1,216
11	7,6	13,6	21,2	895	754	824	750	0,910	28,3	20,0	1,42	28,0	32,0	30,0	32,0	23,6	8,4	139,0	34,1	1023	1,241
12	7,7	13,8	21,5	890	754	822	750	0,913	28,7	20,0	1,43	28,5	31,5	30,0	31,2	23,9	7,3	138,8	31,8	946	1,152

Tab. 17 Versuchsergebnisse Kaliberwalzen

Stich: Oval 5 → Rund 3
$\varphi = 0{,}17$; Werkstoff: C 45
Walzensprung $s = 2{,}5$ mm

	1	2	3	4	5	6	7	8	9	10	11	12	13	14	15	16	17	18	19	20	21
Stab	P_1	P_2	P_{ges}	F_0	F_1	F_m	F_d	F_d/F_m	k_{wm}	k_{fm}	k_{wm}/k_{fm}	b_0	b_1	b_m	h_{0m}	h_{1m}	Δh_m	$\frac{D_m}{2}$	l_{dm}	F_d^*	F_d^*/F_m
	t	t	t	mm²	mm²	mm²	mm²	–	kg/mm²	kg/mm²	–	mm	mm	mm	mm	mm	mm	mm	mm	mm²	–
									$\vartheta = 1100^0$C;	$\dot{\varphi}_m = 1{,}15\ s^{-1}$											
1	2,7	6,0	8,7	708	590	649	680	1,049	12,8	7,5	1,71	25,0	28,0	26,50	28,3	21,1	7,2	140,7	31,9	845	1,302
2	2,5	5,6	8,1	712	587	649	680	1,049	11,9	7,5	1,59	25,0	28,0	26,50	28,5	21,0	7,5	140,8	32,5	861	1,327
3	2,5	5,3	7,8	707	574	641	680	1,060	11,5	7,5	1,54	25,0	27,5	26,30	28,3	20,9	7,4	140,8	32,3	849	1,324
									$\vartheta = 1000^0$C;	$\dot{\varphi}_m = 1{,}15\ s^{-1}$											
4	3,7	6,8	10,5	702	592	647	680	1,051	15,4	10,6	1,45	25,0	27,5	26,25	28,1	21,5	6,6	140,5	30,5	801	1,238
5	3,7	7,0	10,7	711	599	655	680	1,040	15,7	10,6	1,48	25,0	27,5	26,25	28,4	21,8	6,6	140,4	30,4	798	1,205
6	3,2	7,3	10,5	703	587	645	680	1,060	15,4	10,6	1,45	25,0	27,5	26,25	28,1	21,3	6,8	140,6	31,0	814	1,262
									$\vartheta = 900^0$C;	$\dot{\varphi}_m = 1{,}15\ s^{-1}$											
7	4,7	9,8	14,5	712	600	656	680	1,028	21,3	15,5	1,38	25,5	28,0	26,80	27,9	21,4	6,5	140,6	30,2	808	1,232
8	4,4	9,8	14,2	711	610	660	680	1,030	20,9	15,5	1,35	25,0	28,5	26,80	28,4	21,4	7,0	140,6	31,4	840	1,273
9											nicht auswertbar										
									$\vartheta = 900^0$C;	$\dot{\varphi}_m = 10{,}25\ s^{-1}$											
10	6,5	13,6	20,1	715	605	660	680	1,030	29,6	19,5	1,52	25,5	29,0	27,30	28,1	20,9	7,2	140,8	31,8	857	1,314
11	6,7	12,1	18,8	710	606	658	680	1,030	27,7	19,5	1,41	25,0	28,0	26,50	28,4	21,6	6,8	140,5	30,9	818	1,244
12	6,9	12,7	19,6	715	605	660	680	1,030	28,8	19,5	1,48	25,5	28,0	26,80	28,1	21,6	6,7	140,6	30,7	822	1,246

Tab. 18 Versuchsergebnisse Kaliberwalzen

Stich: Oval 6 → Rund 4
$\varphi = 0,17$; Werkstoff: C 45
Walzensprung $s = 3,6$ mm

	1	2	3	4	5	6	7	8	9	10	11	12	13	14	15	16	17	18	19	20	21
Stab	P_1	P_2	P_{ges}	F_0	F_1	F_m	F_d	F_d/F_m	k_{wm}	k_{fm}	k_{wm}/k_{fm}	b_0	b_1	b_m	h_{0m}	h_{1m}	Δh_m	$\frac{D_m}{2}$	l_{dm}	F_d^*	F_d^*/F_m
	t	t	t	mm²	mm²	mm²	mm²	–	kg/mm²	kg/mm²	–	mm	mm	mm	mm	mm	mm	mm	mm	mm²	–
									$\vartheta = 1100^0$C;	$\dot{\varphi}_m = 1{,}10\ s^{-1}$											
1	2,4	5,4	7,8	385	328	356	530	1,489	14,7	7,5	1,96	18,0	21,0	19,5	21,4	15,6	5,8	144,0	28,9	564	1,584
2	2,2	5,1	7,3	380	339	359	530	1,476	13,8	7,5	1,84	17,5	21,0	19,3	21,7	16,1	5,6	144,0	28,4	547	1,524
3	2,2	4,9	7,1	384	335	359	530	1,476	13,4	7,5	1,79	17,0	21,0	19,0	22,6	16,0	6,6	144,0	30,8	585	1,629
									$\vartheta = 1000^0$C;	$\dot{\varphi}_m = 1{,}10\ s^{-1}$											
4	3,0	6,3	9,3	386	332	359	530	1,476	17,5	10,7	1,63	17,5	21,0	19,3	22,1	15,8	6,3	143,8	30,1	579	1,613
5	3,2	6,5	9,7	390	325	357	530	1,483	18,3	10,7	1,71	17,5	21,5	19,5	22,3	15,1	7,2	144,3	32,2	628	1,759
6	2,6	7,0	9,6	406	326	366	530	1,448	18,1	10,7	1,69	17,5	21,0	19,3	23,2	15,5	7,7	144,1	33,3	641	1,751
									$\vartheta = 900^0$C;	$\dot{\varphi}_m = 1{,}10\ s^{-1}$											
7	4,8	9,4	14,2	410	338	374	530	1,417	26,8	16,3	1,64	18,0	21,0	19,5	22,8	16,1	6,7	144,0	31,1	605	1,618
8	4,6	9,2	13,8	409	340	374	530	1,417	26,0	16,3	1,59	18,0	22,0	20,0	22,7	15,5	7,2	144,1	32,2	644	1,722
9	4,2	9,8	14,0	407	341	374	530	1,417	26,4	16,3	1,62	18,0	22,0	20,0	22,6	15,5	7,1	144,1	32,0	640	1,711
									$\vartheta = 900^0$C;	$\dot{\varphi}_m = 9{,}84\ s^{-1}$											
10	4,0	13,4	17,4	409	343	376	530	1,408	32,8	19,5	1,68	18,0	22,0	20,0	22,7	15,6	7,1	144,0	32,0	640	1,700
11	5,9	12,3	18,2	412	329	371	530	1,427	34,3	19,5	1,76	18,0	21,0	19,5	22,9	15,7	7,2	144,0	32,2	627	1,692
12	5,2	12,7	17,9	412	341	376	530	1,408	33,8	19,5	1,73	18,0	21,5	19,3	22,9	15,9	7,0	143,9	31,7	613	1,630

Tab. 19 Versuchsergebnisse Kaliberwalzen

Stich: Oval 3 → Falschrund 1
$\varphi = 0{,}22$; Werkstoff: C 45
Walzensprung $s = 1{,}8$ mm

	1	2	3	4	5	6	7	8	9	10	11	12	13	14	15	16	17	18	19	20	21
Stab	P_1	P_2	P_{ges}	F_0	F_1	F_m	F_d	F_d/F_m	k_{wm}	k_{fm}	k_{wm}/k_{fm}	b_0	b_1	b_m	h_{0m}	h_{1m}	Δh_m	$\frac{D_m}{2}$	l_{dm}	F_d^*	F_d^*/F_m
	t	t	t	mm²	mm²	mm²	mm²	–	kg/mm²	kg/mm²	–	mm	mm	mm	mm	mm	mm	mm	mm	mm²	–
									$\vartheta = 1100^0$C;	$\dot{\varphi}_m = 1{,}18\ s^{-1}$											
1	7,4	5,5	12,9	1120	894	1007	1000	0,993	12,9	7,7	1,67	28,0	32,0	30,0	40,0	27,9	12,1	136,9	40,7	1221	1,213
2	7,4	5,3	12,7	1125	895	1010	1000	0,992	12,7	7,7	1,65	28,0	32,0	30,0	40,2	28,0	12,2	136,9	40,9	1227	1,215
3	7,4	5,0	12,4	1105	880	994	1000	1,005	12,4	7,7	1,61	28,0	32,0	30,0	39,5	27,5	12,0	137,2	40,6	1218	1,225
									$\vartheta = 1000^0$C;	$\dot{\varphi}_m = 1{,}18\ s^{-1}$											
4	10,2	7,0	17,2	1125	900	1012	1000	0,989	17,2	11,0	1,56	28,0	32,0	30,0	40,2	28,1	12,1	136,8	40,7	1221	1,207
5	9,5	7,0	16,5	1115	900	1007	1000	0,994	16,5	11,0	1,50	28,0	32,0	30,0	39,9	28,1	11,8	136,8	40,2	1206	1,200
6	9,0	7,8	16,8	1125	906	1015	1000	0,987	16,8	11,0	1,53	28,0	32,0	30,0	40,2	28,3	11,8	136,7	40,2	1206	1,188
									$\vartheta = 900^0$C;	$\dot{\varphi}_m = 1{,}18\ s^{-1}$											
7	13,3	10,1	23,4	1145	914	1029	1000	0,972	23,4	16,8	1,40	28,0	32,0	30,0	40,9	28,6	12,3	136,6	41,0	1230	1,195
8	13,3	11,6	24,9	1145	915	1030	1000	0,972	24,9	16,8	1,48	29,0	32,0	30,5	39,5	28,6	10,9	136,6	38,6	1177	1,143
9	14,0	10,1	24,1	1145	915	1030	1000	0,972	24,1	16,8	1,44	28,0	32,0	30,0	40,9	28,6	12,3	136,6	41,0	1230	1,195
									$\vartheta = 900^0$C;	$\dot{\varphi}_m = 10{,}50\ s^{-1}$											
10	14,7	12,1	26,8	1135	908	1021	1000	0,980	26,8	21,0	1,28	28,0	31,5	29,8	40,5	28,8	11,7	136,5	39,9	1188	1,164
11	15,2	10,2	25,4	1135	905	1020	1000	0,981	25,4	21,0	1,21	28,0	31,5	29,8	40,5	28,7	11,8	136,6	40,1	1194	1,170
12	15,4	11,4	26,8	1140	908	1024	1000	0,977	26,8	21,0	1,28	28,0	31,5	29,8	40,7	28,8	11,9	136,5	40,3	1200	1,172

Tab. 20 Versuchsergebnisse Kaliberwalzen

Stich: Oval 4 → Falschrund 2
$\varphi = 0{,}27$; Werkstoff: C 45
Walzensprung $s = 5{,}0$ mm

	1	2	3	4	5	6	7	8	9	10	11	12	13	14	15	16	17	18	19	20	21
Stab	P_1	P_2	P_{ges}	F_0	F_1	F_m	F_d	F_d/F_m	k_{wm}	k_{fm}	k_{wm}/k_{fm}	b_0	b_1	b_m	h_{0m}	h_{1m}	Δh_m	$\frac{D_m}{2}$	l_{dm}	F_d^*	F_d^*/F_m
	t	t	t	mm²	mm²	mm²	mm²	–	kg/mm²	kg/mm²	–	mm	mm	mm	mm	mm	mm	mm	mm	mm²	–
									$\vartheta = 1100^0$C;	$\dot{\varphi}_m = 1{,}26\ s^{-1}$											
1	7,2	5,6	12,8	762	570	666	930	1,395	13,8	7,8	1,77	20,0	26,0	23,0	38,1	21,9	16,2	141,6	47,90	1102	1,655
2	7,0	5,9	12,9	748	563	655	930	1,418	13,9	7,8	1,78	20,0	25,0	22,5	37,4	22,5	14,9	141,8	46,00	1035	1,580
3	7,5	6,1	13,6	747	567	657	930	1,414	14,6	7,8	1,87	20,0	26,0	23,0	37,4	21,8	15,6	141,6	47,00	1081	1,645
									$\vartheta = 1000^0$C;	$\dot{\varphi}_m = 1{,}26\ s^{-1}$											
4	7,8	9,9	17,7	750	564	675	930	1,377	19,0	11,2	1,70	20,0	25,5	22,3	37,5	22,1	15,4	141,5	46,70	1039	1,539
5	8,2	9,4	17,6	745	564	654	930	1,421	18,9	11,2	1,69	20,0	26,0	23,0	37,3	21,7	15,6	141,2	46,90	1079	1,650
6	9,1	8,6	17,7	741	563	652	930	1,425	19,0	11,2	1,70	20,0	25,5	22,3	37,1	22,1	15,0	141,5	47,15	1049	1,609
									$\vartheta = 900^0$C;	$\dot{\varphi}_m = 1{,}26\ s^{-1}$											
7	10,5	12,0	22,5	745	559	652	930	1,427	24,2	17,5	1,38	20,0	25,0	22,5	37,3	22,4	14,9	141,8	46,00	1035	1,587
8	11,1	12,1	23,2	745	561	653	930	1,427	24,9	17,5	1,42	20,0	25,0	22,5	37,3	22,4	14,9	141,8	46,00	1035	1,587
9	11,1	10,8	21,9	745	565	655	930	1,420	23,6	17,5	1,35	20,0	25,0	22,5	37,3	22,6	14,7	141,7	45,60	1026	1,566
									$\vartheta = 900^0$C;	$\dot{\varphi}_m = 11{,}25\ s^{-1}$											
10	12,6	15,8	28,4	733	573	653	930	1,424	30,5	22,0	1,39	20,0	25,5	22,3	36,7	22,5	14,2	141,3	44,80	999	1,529
11	15,0	13,1	28,1	740	576	658	930	1,412	30,2	22,0	1,37	20,0	25,5	22,3	37,0	22,6	14,4	141,2	45,10	1004	1,526
12	15,4	13,1	28,5	740	574	657	930	1,414	30,6	22,0	1,39	20,0	25,5	22,3	37,0	22,3	14,5	141,3	45,30	1008	1,535

Tab. 21 Versuchsergebnisse Kaliberwalzen

Stich: Falschrund 1 → Oval 5
$\varphi = 0{,}24$; Werkstoff: C 45
Walzensprung $s = 2{,}5$ mm

	1	2	3	4	5	6	7	8	9	10	11	12	13	14	15	16	17	18	19	20	21
Stab	P_1	P_2	P_{ges}	F_0	F_1	F_m	F_d	F_d/F_m	k_{wm}	k_{fm}	k_{wm}/k_{fm}	b_0	b_1	b_m	b_{0m}	b_{1m}	Δb_m	$\frac{D_m}{2}$	l_{dm}	F_d^*	F_d/F_m
	t	t	t	mm²	mm²	mm²	mm³	–	kg/mm²	kg/mm²	–	mm	mm	mm	mm	mm	mm	mm	mm	mm²	–
									$\vartheta = 1100^0$C;		$\dot{\varphi}_m = 1{,}45\ s^{-1}$										
1	6,3	7,2	13,5	894	708	801	990	1,235	13,7	7,9	1,73	32,0	36,0	34,0	27,9	19,7	8,2	141,4	34,1	1159	1,446
2	6,1	7,1	13,2	895	712	803	990	1,232	13,3	7,9	1,68	32,0	36,5	34,3	28,0	19,5	8,5	141,5	34,7	1188	1,479
3	5,7	7,3	13,0	880	707	793	990	1,248	13,1	7,9	1,66	32,0	36,0	34,0	27,5	19,6	7,9	141,5	33,4	1136	1,433
									$\vartheta = 1000^0$C;		$\dot{\varphi}_m = 1{,}45\ s^{-1}$										
4	7,1	9,5	16,6	900	702	801	990	1,234	16,8	11,3	1,49	32,0	36,0	34,0	28,1	19,5	8,6	141,5	34,9	1187	1,482
5	7,6	9,1	16,7	900	711	805	990	1,230	16,9	11,3	1,50	32,0	36,0	34,0	28,1	19,8	8,4	141,4	34,4	1170	1,453
6	7,3	9,1	16,4	906	703	804	990	1,230	16,6	11,3	1,47	32,0	36,0	34,0	28,3	19,5	8,8	141,5	35,3	1200	1,493
									$\vartheta = 900^0$C;		$\dot{\varphi}_m = 1{,}45\ s^{-1}$										
7	9,7	12,2	21,9	914	712	813	990	1,217	22,1	17,0	1,30	32,0	36,0	34,0	28,6	19,8	8,8	141,4	35,3	1200	1,476
8	9,9	10,8	20,7	915	711	813	990	1,217	20,9	17,0	1,23	32,0	36,5	34,3	28,6	19,5	9,1	141,5	35,9	1230	1,513
9	8,8	12,2	21,0	915	709	812	990	1,217	21,2	17,0	1,25	32,0	35,0	33,5	28,6	20,3	8,3	141,1	34,2	1146	1,411
									$\vartheta = 900^0$C;		$\dot{\varphi}_m = 12{,}90\ s^{-1}$										
10	12,1	15,1	27,2	908	715	811	990	1,220	27,5	21,8	1,26	31,5	36,5	34,0	28,8	19,6	9,2	141,5	36,1	1228	1,514
11	10,9	15,5	26,4	905	710	710	990	1,226	26,7	21,8	1,23	32,0	36,5	34,3	28,3	19,5	8,8	141,5	35,3	1209	1,498
12	10,8	15,7	26,5	908	715	811	990	1,220	26,8	21,8	1,23	31,5	36,5	34,0	28,8	19,6	9,2	141,5	36,1	1228	1,514

Tab. 22 Versuchsergebnisse Kaliberwalzen

Stich: Falschrund 2 → Oval 6
$\varphi = 0{,}35$; Werkstoff: C 45
Walzensprung $s = 2{,}5$ mm

	1	2	3	4	5	6	7	8	9	10	11	12	13	14	15	16	17	18	19	20	21
Stab	P_1	P_2	P_{ges}	F_0	F_1	F_m	F_d	F_d/F_m	k_{wm}	k_{fm}	k_{wm}/k_{fm}	b_0	b_1	b_m	h_{0m}	h_{1m}	Δh_m	$\frac{D_m}{2}$	l_{dm}	F_d^*	F_d^*/F_m
	t	t	t	mm²	mm²	mm²	mm²	–	kg/mm²	kg/mm²	–	mm	mm	mm	mm	mm	mm	mm	mm	mm²	–
									$\vartheta = 1100^0$C;	$\dot{\varphi}_m = 2{,}32\ s^{-1}$											
1	5,6	10,1	15,7	570	385	477	950	1,990	16,5	8,0	2,06	27,0	33,0	30,0	21,1	11,7	9,4	145,4	37,0	1110	2,327
2	5,8	9,9	15,7	563	380	471	950	2,030	16,5	8,0	2,06	27,0	33,0	30,0	20,9	11,5	9,4	145,5	37,0	1110	2,357
3	6,1	9,8	15,9	567	384	475	950	1,999	16,8	8,0	2,10	27,0	33,0	30,0	21,0	11,6	9,4	145,5	37,0	1110	2,337
									$\vartheta = 1000^0$C;	$\dot{\varphi}_m = 2{,}32\ s^{-1}$											
4	7,4	11,7	19,1	564	386	475	950	1,998	20,1	11,6	1,74	27,0	32,0	29,5	20,9	12,1	8,8	145,2	35,7	1053	2,216
5	6,9	11,3	18,2	564	390	477	950	1,989	19,2	11,6	1,66	27,0	34,0	30,5	20,9	11,5	9,4	145,5	37,0	1129	2,367
6	7,8	12,0	19,8	563	406	484	950	1,961	20,8	11,6	1,80	27,0	35,0	31,0	20,8	11,6	9,2	145,5	36,6	1135	2,345
									$\vartheta = 900^0$C;	$\dot{\varphi}_m = 2{,}32\ s^{-1}$											
7	10,7	18,7	29,4	559	410	484	950	1,960	30,9	18,5	1,67	27,0	34,0	30,5	20,7	12,1	8,6	145,2	35,4	1080	2,231
8	10,2	17,5	27,7	561	409	485	950	1,957	29,2	18,5	1,58	27,0	34,0	30,5	20,8	12,1	8,7	145,2	35,6	1086	2,239
9	11,1	19,1	30,2	565	407	486	950	1,958	31,8	18,5	1,72	27,0	33,0	30,0	20,9	12,3	8,6	145,1	35,3	1059	2,179
									$\vartheta = 900^0$C;	$\dot{\varphi}_m = 20{,}60\ s^{-1}$											
10	12,9	21,9	34,8	573	409	491	950	1,934	36,7	–	–	27,0	33,5	30,3	21,2	12,2	9,0	145,2	37,0	1120	2,280
11	13,1	21,9	35,0	576	412	494	950	1,922	36,8	–	–	27,0	33,0	30,0	21,3	12,5	8,8	145,0	35,7	1071	2,169
12	12,8	22,8	35,6	574	412	493	950	1,925	37,5	–	–	27,0	34,0	30,5	21,3	12,1	9,2	145,2	36,5	1114	2,260

Tab. 23 Versuchsergebnisse für die Geschwindigkeitsmessung beim Kaliberwalzen

Walztemperatur: 1000° C
Abstand der Lichtschranken: 450 mm
Walzendurchmesser am Ballen: 300 mm

Stichart	Probe Nr.	t_c s	t_u s	v_1 m/s	$\frac{v_1}{r_B \cdot \omega}$ –	F_d/F_m –
Quadrat 1	1	2,560	5,035	0,1758	0,939	0,645
→	2	2,560	5,035	0,1758	0,939	0,645
Raute 1	3	2,550	5,035	0,1765	0,943	0,645
Raute 1	1	2,580	5,035	0,1743	0,932	0,778
→	2	2,580	5,035	0,1743	0,932	0,778
Quadrat 2	3	2,570	5,035	0,1758	0,939	0,778
Quadrat 1	1	2,470	5,035	0,1822	0,974	0,921
→	2	2,470	5,035	0,1822	0,974	0,921
Raute 2	3	2,470	5,035	0,1822	0,974	0,921
Quadrat 2	1	2,520	5,035	0,1785	0,954	0,947
→	2	2,520	5,035	0,1785	0,954	0,947
Raute 3	3	2,510	5,035	0,1793	0,958	0,947
Quadrat 2	1	2,500	5,035	0,1800	0,962	1,000
→	2	2,510	5,035	0,1793	0,958	1,000
Oval 1	3	2,500	5,035	0,1800	0,962	1,000
Oval 1	1	2,540	5,035	0,1772	0,946	0,838
→	2	2,540	5,035	0,1772	0,946	0,838
Rund 1	3	2,540	5,035	0,1772	0,946	0,838
Raute 2	1	2,530	5,035	0,1779	0,950	0,894
›	2	2,540	5,035	0,1772	0,946	0,894
Quadrat 3	3	2,530	5,035	0,1779	0,950	0,894
Raute 3	1	2,480	5,035	0,1815	0,970	0,967
→	2	2,480	5,035	0,1815	0,970	0,967
Quadrat 4	3	2,480	5,035	0,1815	0,970	0,967
Quadrat 4	1	2,430	5,035	0,1852	0,989	1,125
→	2	2,440	5,035	0,1845	0,986	1,125
Oval 2	3	2,440	5,035	0,1845	0,986	1,125
Oval 2	1	2,520	5,035	0,1786	0,954	0,947
→	2	2,510	5,035	0,1793	0,958	0,947
Rund 2	3	2,500	5,035	0,1800	0,962	0,947
Quadrat 3	1	2,460	5,035	0,1830	0,977	1,147
→	2	2,440	5,035	0,1844	0,985	1,147
Oval 3	3	2,450	5,035	0,1837	0,981	1,147
Oval 3	1	2,520	5,035	0,1785	0,954	0,993
→	2	2,520	5,035	0,1785	0,954	0,993
Falschrund 1	3	2,510	5,035	0,1793	0,958	0,993
Falschrund 1	1	2,410	5,035	0,1868	0,998	1,235
→	2	2,410	5,035	0,1868	0,998	1,235
Oval 5	3	2,410	5,035	0,1868	0,998	1,235

Tab. 23 Fortsetzung

Stichart	Probe Nr.	t_c s	t_u s	v_1 m/s	$\frac{v_1}{r_B \cdot \omega}$ –	F_d/F_m –
Oval 5	1	2,440	5,035	0,1842	0,984	1,049
→	2	2,450	5,035	0,1838	0,982	1,049
Rund 3	3	2,450	5,035	0,1838	0,982	1,049
Oval 4	1	2,430	5,035	0,1852	0,990	1,395
→	2	2,430	5,035	0,1852	0,990	1,395
Falschrund 2	3	2,440	5,035	0,1846	0,987	1,395
	4	0,274	0,567	1,6420	0,989	1,395
	5	0,274	0,567	1,6420	0,989	1,395
Falschrund 2	1	2,315	5,035	0,1944	1,038	1,990
→	2	2,315	5,035	0,1944	1,038	1,990
Oval 6	3	2,315	5,035	0,1944	1,038	1,990
	4	0,261	0,567	1,7240	1,038	1,990
	5	0,261	0,567	1,7240	1,038	1,990
Oval 6	1	2,420	5,035	0,1860	0,994	1,489
→	2	2,420	5,035	0,1860	0,994	1,489
Rund 4	3	2,420	5,035	0,1860	0,994	1,489
	4	0,280	0,567	1,6070	0,968	1,489
	5	0,276	0,567	1,6290	0,980	1,489
	6	0,272	0,567	1,6540	0,996	1,489

Tab. 24 Mittlere Umformzeiten t_m bei verschiedenen Sticharten

Stichart					t_m (s) bei $n = 12$ U/min	t_m (s) bei $n = 107$ U/min
Quadrat	1	–	Raute	1	0,162	0,0182
Raute	1	–	Quadrat	2	0,168	0,0189
Quadrat	2	–	Oval	1	0,185	0,0208
Oval	1	–	Rund	1	0,166	0,0186
Quadrat	1	–	Raute	2	0,196	0,0220
Raute	2	–	Quadrat	3	0,195	0,0219
Quadrat	3	–	Oval	3	0,215	0,0242
Oval	3	–	Falschrund	1	0,189	0,0212
Falschrund	1	–	Oval	5	0,167	0,0188
Oval	5	–	Rund	3	0,150	0,0169
Quadrat	2	–	Raute	3	0,210	0,0236
Raute	3	–	Quadrat	4	0,195	0,0219
Quadrat	4	–	Oval	2	0,160	0,0180
Oval	2	–	Rund	2	0,171	0,0192
Quadrat	4	–	Oval	4	0,204	0,0229
Oval	4	–	Falschrund	2	0,216	0,0243
Falschrund	2	–	Oval	6	0,151	0,0170
Oval	6	–	Rund	4	0,157	0,0176

Tab. 25 Ergebnisse der Drehmomentuntersuchung beim Kaliberwalzen

Walztemperatur: 1000 °C
Werkstoff: C 45
Walzballenhalbmesser: 150 mm

Stichart	Probe Nr.	1	2	3	4	5	6	7	8	9	10	11
		k_{wm}	φ_h	$\frac{v_1}{v_u}$	F_1	$M^*_{dv_1}$	$M^*_{dv_u}$	M_d	P	l_{dm}	k_x	F_d/F_1
		kg/mm²	–	–	mm²	tm	tm	tm	t	mm	–	–
Quadrat 1	1	15,9	0,174	0,939	2043	0,800	0,850	0,948	22,7	28,6	0,75	0,700
→	2	15,6	0,182	0,939	2051	0,820	0,874	0,952	22,4	27,9	0,76	0,698
Raute 1	3	15,6	0,191	0,943	2057	0,860	0,915	0,889	22,3	27,4	0,73	0,697
Quadrat 1	1	15,7	0,325	0,974	1865	1,400	1,430	1,411	30,8	38,0	0,60	1,050
→	2	15,0	0,318	0,974	1848	1,290	1,325	1,394	29,3	37,6	0,63	1,060
Raute 2	3	14,9	0,328	0,974	1855	1,320	1,355	1,364	29,1	38,2	0,61	1,055
Quadrat 2	1	15,2	0,288	0,954	1355	0,855	0,890	0,996	21,9	33,0	0,69	1,063
→	2	15,5	0,288	0,954	1360	0,870	0,905	1,022	22,3	33,0	0,70	1,060
Raute 3	3	15,4	0,298	0,958	1355	0,895	0,935	1,007	22,1	33,4	0,68	1,063
Raute 1	1	15,3	0,212	0,932	1685	0,770	0,820	0,935	22,1	31,7	0,67	0,862
→	2	14,8	0,214	0,932	1685	0,750	0,800	0,886	21,4	32,0	0,65	0,862
Quadrat 2	3	14,7	0,216	0,939	1685	0,755	0,805	0,956	21,3	32,2	0,70	0,862
Raute 2	1	17,2	0,343	0,950	1450	1,215	1,280	1,200	25,4	40,1	0,59	1,021
→	2	17,2	0,288	0,946	1455	1,025	1,080	1,190	25,5	39,4	0,59	1,018
Quadrat 3	3	16,9	0,327	0,950	1455	1,150	1,210	1,180	25,0	39,6	0,59	1,018
Raute 3	1	16,3	0,336	0,970	1085	0,858	0,885	0,800	19,2	38,2	0,55	1,090
→	2	16,0	0,342	0,970	1085	0,858	0,885	0,816	18,9	38,5	0,56	1,090
Quadrat 4	3	15,3	0,324	0,970	1100	0,790	0,815	0,793	18,1	37,6	0,58	1,072
Quadrat 2	1	16,5	0,354	0,962	1340	1,130	1,175	1,060	24,8	40,7	0,53	1,120
→	2	16,1	0,368	0,958	1320	1,120	1,170	1,006	24,1	41,4	0,50	1,136
Oval 1	3	16,1	0,347	0,962	1350	1,080	1,125	1,041	24,1	40,4	0,54	1,110
Quadrat 3	1	15,9	0,392	0,977	1125	1,037	1,050	0,966	23,3	41,1	0,51	1,305
→	2	15,9	0,408	0,985	1115	1,063	1,085	0,988	23,3	41,6	0,51	1,318
Oval 3	3	16,4	0,411	0,981	1125	1,017	1,135	1,035	24,1	41,8	0,51	1,305
Quadrat 4	1	16,2	0,336	0,989	880	0,705	0,715	0,625	17,6	35,9	0,50	1,240
→	2	15,5	0,319	0,986	880	0,656	0,665	0,617	16,9	34,9	0,52	1,240
Oval 2	3	15,9	0,315	0,986	890	0,661	0,670	0,618	17,3	34,9	0,51	1,226
Quadrat 4	1	19,2	0,683	–	750	–	1,475	1,338	30,5	48,0	0,46	2,120
→	2	20,8	0,692	–	745	–	1,600	1,405	32,4	48,0	0,45	2,135
Oval 4	3	19,4	0,712	–	741	–	1,530	1,376	30,9	48,9	0,46	2,142
Oval 4	1	19,0	0,528	0,990	564	0,842	0,850	0,936	17,4	46,7	0,57	1,650
→	2	18,9	0,542	0,990	564	0,855	0,865	0,906	17,6	46,9	0,55	1,650
Falschrund 2	3	19,0	0,518	0,987	563	0,832	0,840	0,845	17,7	47,2	0,51	1,650
Oval 3	1	17,2	0,358	0,954	900	0,794	0,830	0,753	17,2	40,7	0,54	1,110
→	2	16,5	0,350	0,954	900	0,745	0,780	0,771	16,5	40,2	0,58	1,110
Falschrund 1	3	16,8	0,350	0,958	906	0,760	0,795	0,768	16,8	40,2	0,57	1,103
Oval 2	1	17,0	0,320	0,954	730	0,568	0,595	0,446	12,8	34,6	0,50	1,030
→	2	16,5	0,292	0,958	729	0,503	0,525	0,462	12,4	33,2	0,56	1,030
Rund 2	3	16,8	0,292	0,962	730	0,516	0,535	0,454	12,6	33,2	0,54	1,030
Oval 1	1	15,7	0,292	0,946	1145	0,732	0,775	0,630	16,3	36,4	0,53	0,910
→	2	15,0	0,255	0,946	1140	0,630	0,655	0,608	15,6	34,0	0,57	0,912
Rund 1	3	15,2	0,300	0,946	1143	0,732	0,775	0,615	15,8	36,9	0,53	0,910
Oval 6	1	17,5	0,336	0,994	332	0,290	0,292	0,329	9,3	30,1	0,58	1,646
→	2	18,3	0,388	0,994	325	0,342	0,345	0,344	9,7	32,2	0,55	1,630
Rund 4	3	18,1	0,400	0,994	326	0,350	0,353	0,314	9,6	33,3	0,49	1,630
Oval 5	1	15,4	0,270	0,984	592	0,362	0,368	0,362	10,5	30,5	0,57	1,150
→	2	15,7	0,264	0,982	599	0,368	0,374	0,394	10,7	30,4	0,60	1,136
Rund 3	3	15,4	0,278	0,982	587	0,380	0,387	0,370	10,5	31.0	0,57	1,160
Falschrund 2	1	20,1	0,547	1,038	386	0,657	0,635	0,568	19,1	35,7	0,42	2,460
→	2	19,2	0,598	1,038	390	0,695	0,670	0,567	18,2	37,0	0,42	2,435
Oval 6	3	20,8	0,590	1,038	406	0,772	0,745	0,630	19,8	36,6	0,43	2,340
Falschrund 1	1	16,8	0,364	0,998	702	0,638	0,640	0,583	16,6	34,9	0,50	1,410
→	2	16,9	0,350	0,998	711	0,630	0,632	0,599	16,7	34,4	0,52	1,392
Oval 5	3	16,6	0,371	0,998	703	0,643	0,645	0,598	16,4	35,3	0,52	1,410

Tab. 26 Hebelarmbeiwerte k_x beim Flachwalzen

Werkstoff: C 45
Walzenhalbmesser: 150 mm
Walztemperatur: 900°C

Stich	Nr.	1 M_d tm	2 P t	3 l_d mm	4 k_x –	5 F_d/F_1 –
	1	0,490	17,3	25,4	0,56	0,55
1	2	0,481	16,7	24,2	0,60	0,52
	3	0,539	17,8	26,0	0,58	0,56
	1	0,561	17,7	25,7	0,62	0,62
2	2	0,562	18,0	25,7	0,61	0,62
	3	0,546	18,3	25,7	0,58	0,62
	1	0,594	19,0	25,1	0,62	0,67
3	2	0,598	19,1	25,7	0,61	0,69
	3	0,592	19,1	25,7	0,60	0,69
	1	0,855	24,9	30,3	0,57	0,96
4	2	0,844	24,9	30,0	0,57	0,95
	3	0,846	25,2	30,0	0,56	0,95
	1	0,619	22,1	25,1	0,56	0,93
5	2	0,632	21,9	25,1	0,57	0,93
	3	0,626	21,6	25,1	0,58	0,93
	1	0,975	31,2	29,0	0,54	1,34
6	2	0,936	31,0	29,3	0,52	1,36
	3	0,870	29,4	29,3	0,51	1,36
	1	1,230	41,1	29,3	0,51	1,84
7	2	1,141	39,1	29,5	0,50	1,88
	3	1,181	37,0	29,3	0,54	1,86
	1	1,153	43,4	27,4	0,49	2,55
8	2	1,375	45,2	26,8	0,56	2,46
	3	1,150	44,2	27,1	0,48	2,50

FORSCHUNGSBERICHTE DES LANDES NORDRHEIN-WESTFALEN

Herausgegeben im Auftrage des Ministerpräsidenten Heinz Kühn
von Staatssekretär Professor Dr. h. c. Dr. E. h. Leo Brandt

HÜTTENWESEN · WERKSTOFFKUNDE

HEFT 4
Prof. Dr. med. Erich A. Müller und Dipl.-Ing. H. Spitzer, Max-Planck-Institut für Arbeitsphysiologie, Dortmund
Untersuchungen über die Hitzebelastung in Hüttenbetrieben
1952. 20 Seiten, 5 Abb., 1 Tabelle. DM 9,—

HEFT 48
Max-Planck-Institut für Eisenforschung, Düsseldorf
Spektrochemische Analyse der Gefügebestandteile in Stählen nach ihrer Isolierung
1953. 31 Seiten, 12 Abb., 5 Tabellen. DM 7,80

HEFT 49
Max-Planck-Institut für Eisenforschung, Düsseldorf
Untersuchungen über Ablauf der Desoxydation und die Bildung von Einschlüssen in Stählen
1953. 45 Seiten, 19 Abb., 3 Tabellen. Vergriffen

HEFT 50
Max-Planck-Institut für Eisenforschung, Düsseldorf
Flammenspektralanalytische Untersuchung der Ferritzusammensetzung in Stählen
1953. 34 Seiten, 15 Abb., 4 Tabellen. Vergriffen

HEFT 74
Max-Planck-Institut für Eisenforschung, Düsseldorf
Versuche zur Klärung des Umwandlungsverhaltens eines sonderkarbidbildenden Chromstahls
1954. 48 Seiten, 10 Abb. DM 11,

HEFT 75
Max-Planck-Institut für Eisenforschung, Düsseldorf
Zeit-Temperatur-Umwandlungs-Schaubilder als Grundlage der Wärmebehandlung der Stähle
1954. 34 Seiten, 13 Abb. DM 8,70

HEFT 89
Verein Deutscher Ingenieure, Gleitlagerforschung, Düsseldorf, und Prof. Dr.-Ing. G. Vogelpohl, Göttingen
Versuche mit Preßstoff-Lagern für Walzwerke
1954. 57 Seiten, 34 Abb. Vergriffen

HEFT 96
Dr.-Ing. Paul Koch, Dortmund
Austritt von Exoelektronen aus Metalloberflächen unter Berücksichtigung der Verwendung des Effektes für die Materialprüfung
1954. 21 Seiten, 13 Abb. DM 7,—

HEFT 105
Dr.-Ing. Robert Meldau, Harsewinkel/Westf.
Auswertung von Gekörn – Analysen des Musterstaubes »Flugasche Fortuna I«
1955. 28 Seiten, 14 Abb. DM 8,50

HEFT 132
Prof. Dr. phil. nat. W. Seith, Münster
Über Diffusionserscheinungen in festen Metallen
1955. 27 Seiten, 19 Abb., 4 Tabellen. Vergriffen

HEFT 143
Prof. Dr. phil. Franz Wever, Dr. phil. Adolf Rose und Dipl.-Ing. W. Straßburg, Max-Planck-Institut für Eisenforschung, Düsseldorf
Härtbarkeit und Umwandlungsverhalten der Stähle
1955. 33 Seiten, 12 Abb., 3 Tabellen. Vergriffen

HEFT 153
Prof. Dr.phil. Franz Wever, Dr.-Ing. Wilhelm Anton Fischer und Dipl.-Ing. J. Engelbrecht, Düsseldorf
I. Die Reduktion sauerstoffhaltiger Eisenschmelzen im Hochvakuum mit Wasserstoff und Kohlenstoff
II. Einfluß geringer Sauerstoffgehalte auf das Gefüge und Alterungsverhalten von Reineisen
1955. 42 Seiten, 15 Abb., 2 Tabellen. DM 12 40

HEFT 154
Prof. Dr.-Ing. P. Bardenheuer und Dr.-Ing. Wilhelm Anton Fischer, Düsseldorf
Die Verschlackung von Titan aus Stahlschmelzen im sauren und basischen Hochfrequenzofen unter verschiedenen Schlacken
1955. 23 Seiten, 10 Abb., 1 Tabelle. DM 7,95

HEFT 162
Prof. Dr. phil. Franz Wever,
Prof. Dr. rer. techn. Albert Kochendörfer und
Dr.-Ing. Chr. Rohrbach, Max-Planck-Institut für Eisenforschung, Düsseldorf
Kennzeichnung der Sprödbruchneigung von Stählen durch Messung der Fließspannung, Reißspannung und Brucheinschnürung an dreiachsig beanspruchten Proben
1955. 46 Seiten, 26 Abb. DM 13,—

HEFT 170
Prof. Dr. phil. Franz Wever, Dr. phil. Adolf Rose und Dipl.-Ing. L. Rademacher, Max-Planck-Institut für Eisenforschung, Düsseldorf
Anwendung der Umwandlungsschaubilder auf Fragen der Werkstoffauswahl beim Schweißen und Flammhärten
1955. 51 Seiten, 25 Abb. DM 13,70

HEFT 205
Dr. Carl Schaarwächter, Laboratorium für Rostschutz und Oberflächentechnik, Düsseldorf
Über plastische Kupfer-Eisen-Phosphor-Legierungen
1956. 25 Seiten, 10 Abb., 10 Tabellen. DM 8,30

HEFT 227
Prof. Dr. phil. Franz Wever und Dr. Wolfgang Wepner, Max-Planck-Institut für Eisenforschung, Düsseldorf
Untersuchung der Alterungsneigung von weichen unlegierten Stählen durch Härteprüfung bei Temperaturen bis 300° C
1956. 24 Seiten, 20 Abb., 3 Tabellen. DM 7,95

HEFT 228
Prof. Dr. phil Franz Wever, Dr. phil. Walter Koch und Dr. rer. nat. Bernd Alexander Steinkopf, Max-Planck-Institut für Eisenforschung, Düsseldorf
Spektrochemische Grundlagen der Analyse von Gemischen aus Kohlenmonoxyd, Wasserstoff und Stickstoff
1956. 31 Seiten, 18 Abb., 1 Tabelle. DM 9,90

HEFT 229
Prof. Dr. phil. Franz Wever, Dr. phil Walter Koch und Dr.-Ing. Hanns Malissa, Max-Planck-Institut für Eisenforschung, Düsseldorf
Über die Anwendung disubstituierter Dithiocarbamate der analytischen Chemie
1955. 30 Seiten, 30 Abb., 5 Tabellen. DM 10,50

HEFT 230
Prof. Dr. phil. Franz Wever und
Dr. phil. Wolfgang Wepner, Max-Planck-Institut für Eisenforschung, Düsseldorf
Bestimmung kleiner Kohlenstoffgehalte im α-Eisen durch Dämpfungsmessung
1955. 19 Seiten, 5 Abb., 2 Tabellen. DM 7,70

HEFT 234
Dr.-Ing K. G. Speith und Dr.-Ing A. Bungeroth Duisburg
Versuche zur Steigerung des Kokillen-Schluckvermögens beim Stranggießen von Stahl
1956. 15 Seiten, 5 Abb. DM 6,15

HEFT 244
Prof. Dr. phil. Franz Wever, Dr. phil. Walter Koch und Dr. Siegfried Eckhard, Max-Planck-Institut für Eisenforschung, Düsseldorf
Erfahrungen mit der spektrochemischen Analyse von Gefügebestandteilen des Stahles
1956. 22 Seiten, 8 Abb., 2 Tabellen. DM 7,80

HEFT 263
Prof. Dr. phil. Heinrich Lange und
Dipl.-Phys. Rudolf Kohlhaas, Institut für theoretische Physik der Universität Köln
Über die Wärmeleitfähigkeit von Stählen bei hohen Temperaturen: Teil I: Literaturbericht
1956. 37 Seiten, 26 Abb., 8 Tabellen. DM 10,70

HEFT 268
Prof. Dr.-Ing. G. Vogelpohl, VDI, Max-Planck-Institut für Strömungsforschung, Göttingen
Über die Tragfähigkeit von Gleitlagern und ihre Berechnung
1956. 66 Seiten, 24 Abb., 7 Tabellen. Vergriffen

HEFT 283
Prof. Dr.-phil Franz Wever und
Dr.-Ing. Werner Lueg, Max-Planck-Institut für Eisenforschung, Düsseldorf
Warmstauchversuche zur Ermittlung der Formänderungsfestigkeit von Gesenkschmiede-Stählen
1956. 31 Seiten, 19 Abb. DM 9,90

HEFT 288
Dr. phil Kurt Brücker-Steinkuhl, Düsseldorf
Anwendung mathematisch-statischer Verfahren in der Industrie
1956. 103 Seiten, 28 Abb., 14 Tabellen. Vergriffen

HEFT 290
Dr. rer. nat. Dietrich Horstmann, Max-Planck-Institut für Eisenforschung, Düsseldorf
I. Der verstärkte Angriff des Zinks auf Eisen im Temperaturgebiet um 500° C
II. Einfluß eines Antimongehaltes auf den Angriff von Zinkschmelzen auf Eisen
1956. 36 Seiten, 33 Abb., 3 Tabellen. DM 11,90

HEFT 291
Dr.-Ing. Hans-Joachim Wiester und
Dr. rer. nat. Dietrich Horstmann, Max-Planck-Institut für Eisenforschung, Düsseldorf
Der Angriff eisengesättigter Zinkschmelzen auf silizium- und manganhaltiges Eisen
1956. 40 Seiten, 45 Abb., 8 Tabellen. DM 12,60

HEFT 311
Prof. Dr. phil. Franz Wever und
Dr. phil. nat. Max Hempel, Düsseldorf
Dauerschwingfestigkeit von Stählen bei erhöhten Temperaturen
Teil I: Erkenntnisse aus bisherigen Dauerschwingversuchen in der Wärme
1956. 36 Seiten, 19 Abb., 2 Tabellen. DM 10,90

HEFT 312
Prof. Dr. phil. Franz Wever und
Dr. phil. nat. Max Hempel, Max-Planck-Institut für Eisenforschung, Düsseldorf
Dauerschwingfestigkeit von Stählen bei erhöhten Temperaturen
Teil II: Zug-Druck-Dauerschwingversuche an zwei warmfesten Stählen bei Temperaturen von 500 bis 650°C
1956. 36 Seiten, 20 Abb., 3 Tabellen. DM 13,—

HEFT 313
Prof. Dr. phil. Franz Wever, Dr. phil. Walter Koch und Dipl.-Phys. Helga Rohde, Max-Planck-Institut für Eisenforschung, Düsseldorf
Änderungen des Habitus und der Gitterkonstanten des Zementits in Chromstählen bei verschiedenen Wärmebehandlungen
1956. 76 Seiten, 20 Abb., 8 Tabellen. DM 20,90

HEFT 314
Prof. Dr. phil. Franz Wever,
Dr.-Ing. habil. Alfred Krisch und
Dr.-Ing. Hans-Joachim Wiester, Max-Planck-Institut für Eisenforschung, Düsseldorf
Veränderungen im Gefügeaufbau von Chrom-Nickel-Molybdän-Stählen bei langzeitiger Beanspruchung im Zeitstandversuch bei 500°
1956. 35 Seiten, 26 Abb., 5 Tabellen. DM11,70

HEFT 315
Prof. Dr. phil. Franz Wever und
Dr.-Ing. habil. Alfred Krisch, Max-Planck-Institut für Eisenforschung, Düsseldorf
Metallkundliche Untersuchungen an Zeitstandproben
1956. 25 Seiten, 12 Abb. DM 9,15

HEFT 336
Dr. phil. Tung-ping Yao, Gießerei-Institut der Rhein.-Westf. Technischen Hochschule Aachen
Die Viskosität metallischer Schmelzen
1956. 53 Seiten, 28 Abb., 2 Tabellen. DM 14,40

HEFT 342
Prof. Dr.-Ing. Helmut Winterhager und
Dipl.-Ing. Wolfgang Barthel, Aachen
Die Gewinnung von Titan-Schlacken-Konzentraten aus eisenreichen Ilmeniten
1956. 47 Seiten, 30 Abb., 6 Tabellen. DM 13,30

HEFT 348
Prof. Dr.-Ing. Eugen Piwowarsky † und
Dr.-Ing. Ernst Günter Nickel. Gießerei-Institut der Rhein.-W stf. Technischen Hochschule Aachen
Metallurgie eines hochwertigen Gußeisens mit kompakter bis kegelförmiger Graphitausbildung
1956. 46 Seiten, 27 Abb., 5 Tabellen. DM 13,30

HEFT 349
Dr.-Ing. Wilhelm-Anton Fischer,
Dr.-Ing. Helmut Treppschuh und
Dr.-Ing. Karl Heinz Köthemann, Max-Planck-Institut für Eisenforschung, Düsseldorf
Tiegel aus Schmelzmagnesia für Vakuuminduktionsöfen
1957. 23 Seiten, 14 Abb. DM 8,40

HEFT 367
Dr. rer. nat. Dietrich Horstmann, Max-Planck-Institut für Eisenforschung, Düsseldorf
Der Angriff eisengesättigter Zinkschmelzen auf kohlenstoff-, schwefel- und phosphorhaltiges Eisen
1957. 42 Seiten, 22 Abb., 6 Tabellen. DM 12,85

HEFT 392
Prof. Dr. phil. Franz Wever,
Dr. phil. Walter Koch, Düsseldorf,
Dr.-Ing. Helmut Knüppel,
Dr. rer. nat. Bernd Alexander Steinkopf,
Dipl.-Ing. Karl Ernst Mayer und
Dipl.-Phys. Gert Wiethoff, Dortmund
Untersuchungen über den Konverterrauch im Hinblick auf die spektrale Überwachung des Thomasprozesses
1957. 36 Seiten, 14 Abb., 4 Tabellen. DM 12,10

HEFT 407
Prof. Dr.-Ing. Dr.-Ing. E. h. Hermann Schenk, Aachen und Dr.-Ing. Werner Wenzel, Bad Godesberg
Entwicklungsarbeiten auf dem Gebiete der Verhüttung von Erzstaub in Schmelzkammern
1957. 71 Seiten, 9 Abb., 18 Tabellen. DM 17,10

HEFT 408
Prof. Dr. phil. Franz Wever, Dr.-Ing. Werner Lueg und Dr.-Ing. Hans Günter Müller, Max-Planck-Institut für Eisenforschung, Düsseldorf
Kraft- und Arbeitsbedarf beim Warmscheren von Stahl in Abhängigkeit von Temperatur und Schnittgeschwindigkeit
1957. 33 Seiten, 15 Abb., 3 Tabellen. DM 11,35

HEFT 409
Prof. Dr. phil. Franz Wever,
Dr. phil. Walter Koch,
Dr. rer. nat. Christa Ilschner-Gensch und
Dipl.-Phys. Helga Rohde, Max-Planck-Institut für Eisenforschung, Düsseldorf
Das Auftreten eines kubischen Nitrids in aluminiumlegierten Stählen
1957. 26 Seiten, 12 Abb., 3 Tabellen. DM 10,10

HEFT 410
Prof. Dr. phil. Franz Wever,
Prof. Dr. rer. techn. Albert Kochendörfer,
Dr. phil. nat. Max Hempel und
Dipl.-Phys. Emil Hillenhagen, Max-Planck-Institut für Eisenforschung, Düsseldorf
Biegewechselversuche mit Flachproben aus Alpha-Eisen-Kristallen zur Bestimmung der Wechselfestigkeit und der Gleitspuren
1957. 100 Seiten, 58 Abb., 3 Tabellen. DM 30,—

HEFT 455
Dr.-Ing. Wilhelm Anton Fischer,
Dr.-Ing. Helmut Treppschuh und
Dipl.-Phys. Karl Heinz Köthemann, Max-Planck-Institut für Eisenforschung, Düsseldorf
Erschmelzung von Reinsteisen nach dem Kohlenstoffproduktionsverfahren und Kerbschlagzähigkeit-Temperatur-Kurven dieses Eisens
1957. 25 Seiten, 7 Abb., 6 Tabellen. DM 9,35

HEFT 456
Privatdozent Dr.-Ing. Karl Bungardt, Krefeld
Zeitstandversuche an austenitischen Stählen und Legierungen
1958. 23 Seiten und Anhang mit Abbildungen und Tafeln z. T. auf Falttafeln. DM 19,85

HEFT 457
Prof. Dr. phil. Franz Wever und
Dr. phil. Wolfgang Wepner, Max-Planck-Institut für Eisenforschung, Düsseldorf
Dämpfungsmessungen an schwach gereckten Eisen-Kohlenstoff-Legierungen
1957. 22 Seiten, 7 Abb., 3 Tabellen. DM 8,40

HEFT 458
Prof.-Ing. Dr.-Ing. E. h. Hermann Schenk und
Dr.-Ing. Eugen Schmidtmann, Aachen,
Dr.-Ing. Hans Kosmider, Dr.-Ing. Herbert Neuhaus und Dr.-Ing. Alfred Krüger, Haspe
Das Frischen von Thomas-Roheisen mit Sauerstoff-Wasserdampf-Gemischen und die Eigenschaften der damit erblasenen Stähle
1957. 50 Seiten, 56 Abb. DM 16,35

HEFT 459
Prof. Dr. phil. Franz Wever,
Dr. phil. Otto Krisement und Hanna Schädler, Max-Planck-Institut für Eisenforschung, Düsseldorf
Ein isothermes Mikrokalorimeter zur kinetischen Messung von Umwandlungs- und Ausscheidungsvorgängen in Legierungen
1957. 31 Seiten, 14 Abb. DM 10,75

HEFT 460
Prof. Dr. phil. Franz Wever und
Dr. rer. nat. Bernhard Ilschner, Max-Planck-Institut für Eisenforschung, Düsseldorf
Ein isothermes Lösungskalorimeter zur Bestimmung thermo-dynamischer Zustandsgrößen von Legierungen
1957. 31 Seiten, 7 Abb., 4 Tabellen. DM 10,40

HEFT 461
Prof. Dr.-Ing. habil. Eugen Piwowarsky †
Prof. Dr.-Ing. Wilhelm Patterson und
Dipl.-Ing. Friedrich Wilhelm Iske, Gießerei-Institut der Rhein.-Westf. Technischen Hochschule Aachen
Verbesserung der Zähigkeitseigenschaften von Bessemer-Stahlguß
1957. 41 Seiten, 15 Abb., 16 Tabellen. DM 12,75

HEFT 492
Prof. Dr. phil. Josef Meixner und
Dr. rer. nat. Bruno Manz, Institut für theoretische Physik der Rhein.-Westf. Technischen Hochschule Aachen
Zur Theorie der irreversiblen Prozesse in α-Eisen
1958. 10 Seiten, 1 Abb. DM 5,70

HEFT 519
Prof. Dr. phil. Franz Wever,
Dr. phil. Walter Koch und
Dr. phil. Siegfried Eckhard, Max-Planck-Institut für Eisenforschung, Düsseldorf
Die spektrographische Bestimmung der Spurenelemente in Stahl ohne vorherige Abbrennung
1958. 36 Seiten, 22 Abb. DM 12,60

HEFT 542
Dr. phil. nat. Gerhard Zapf, Schwelm
Entwicklung eines Verfahrens zur Herstellung von Formteilen aus Sintermessing
1958. 43 Seiten, 23 Abb., 7 Tabellen. DM 15,15

HEFT 552
Dr.-Ing. Gerhard Leiber und
Dipl.-Ing. Dieter Schauwinhold, Duisburg-Hamborn
Versuche zur Erzeugung halbberuhigten Stahles
1958. 28 Seiten, 23 Abb., 6 Tabellen. DM 11,30

HEFT 562
Prof. Dr.-Ing. Dr.-Ing. E. h. Hermann Schenck,
Prof. Dr. phil. habil. Norbert G. Schmahl und
Dr.-Ing. Götz Funke, Institut für Eisenhüttenwesen der Rhein.-Westf. Technischen Hochschule Aachen
Die Reduzierbarkeit von Eisenerzen
1958. 101 Seiten, 89 Abb., 10 Tabellen. DM 29,25

HEFT 573
Prof. Dr. phil. Franz Wever,
Dr. rer. nat. Werner Jellinghaus und
Dr.-Ing. Toshimori Shuin, Max-Planck-Institut für Eisenforschung, Düsseldorf
Gemischt-keramische Sinterwerkstoffe aus Aluminiumoxyd und Eisen oder Eisenlegierungen
1958. 76 Seiten, 39 Abb., 17 Tabellen. DM 22,65

HEFT 586
Dr.-Ing. Wilhelm Anton Fischer und
Dr. rer. nat. Alfred Hoffmann, Max-Planck-Institut für Eisenforschung, Düsseldorf
Verhalten von Eisen- und Stahlschmelzen im Hochvakuum
1958. 41 Seiten, 10 Abb., 13 Tabellen. DM 14,50

HEFT 597
Prof. Dr. phil. Franz Wever,
Dr. phil. Wilhelm Wink und
Dr. rer. nat. Werner Jellinghaus, Max-Planck-Institut für Eisenforschung, Düsseldorf
Suszeptibilitätsmessungen an hochwarmfesten Legierungen auf Nickel-Chrom- und Kobalt-Nickel-Chrom-Grundlage
1958. 34 Seiten, 10 Abb., 5 Tabellen. DM 12,—

HEFT 599
Prof. Dr. phil. Walter Koch und
Dipl.-Phys. Dr. phil. Heinz Sundermann, Max-Planck-Institut für Eisenforschung, Düsseldorf
Elektrochemische Grundlagen der Isolierung von Gefügebestandteilen in metallischen Werkstoffen
1958. 50 Seiten, 26 Abb., 2 Tabellen. DM 17,60

HEFT 600
Prof. Dr. phil. Walter Koch, Dr. phil. Siegfried Eckhard und Dr. rer. nat. Friedrich Stricker, Max-Planck-Institut für Eisenforschung, Düsseldorf
Die lichtelektrische Spektralanalyse der Gase im Stahl
1958. 53 Seiten, 27 Abb., 9 Tabellen. DM 15,10

HEFT 620
Dr. rer. nat. Dietrich Horstmann, Max-Planck-Institut für Eisenforschung und Gemeinschaftsausschuß Verzinken, Düsseldorf
Der Einfluß von Aluminium im Eisen- und im Zinkbad auf den Zinkangriff
1958. 29 Seiten, 17 Abb., 3 Tabellen. DM 9,40

HEFT 628
Dipl.-Ing. Walter Panknin und
Dipl.-Ing. Wolfgang Möhrlin, Verein Deutscher Ingenieure ADB, Düsseldorf
Die Ermittlung der Fließkurven von Schraubenwerkstoffen *1958. 20 Seiten, 8 Abb. DM 6,40*

HEFT 630
Prof. Dr. phil. Walter Koch und
Dr. techn. Dipl.-Ing. Hanns Malissa, Max-Planck-Institut für Eisenforschung, Düsseldorf
Beiträge zur Spurenanalyse im Reinsteisen
1958. 25 Seiten, 8 Tabellen. DM 7,60

HEFT 644
Prof. Dr.-Ing. Franz Bollenrath, Institut für Werkstoffkunde an der Rhein.-Westf. Technischen Hochschule Aachen
Untersuchung einiger mechanischer Eigenschaften von Sinteraluminium S. A. P. und S. A. P.-Avional
1958. 24 Seiten, 26 Abb. DM 8,10

HEFT 697
Prof. Dr.-Ing. Theodor Gast,
Dr.-Ing. Karl-Max Frhr. v. Meysenburg und
Prof. Dr.-Ing. Otto Krischer, Technische Hochschule Darmstadt
Untersuchung über die Erwärmungsvorgänge bei der Verarbeitung härtbarer und thermoplastischer Kunststoffe
1959. 91 Seiten, 34 Abb., 4 Tabellen. DM 16,90

HEFT 706
Prof. Dr.-Ing. Dr.-Ing. E. h. Hermann Schenck und Dr.-Ing. Hans Esch, Institut für Eisenhüttenwesen der Rhein.-Westf. Technischen Hochschule Aachen
Zur Untersuchung der Hochofenvorgänge
1959. 32 Seiten, 23 Abb. DM 9,90

HEFT 737
Prof. Dr.-Ing. habil. Karl Krekeler,
Dr.-Ing. Heinz Peukert und Dipl.-Ing. Josef Eilers, Institut für Kunststoffverarbeitung an der Rhein.-Westf. Technischen Hochschule Aachen
Festigkeitsuntersuchungen an Rohren aus Thermoplasten
1959. 66 Seiten, 84 Abb. DM 19,40

HEFT 748
Prof. Dr. phil. nat. habil. Hans-Ernst Schwiete,
Dr.-Ing. Harald Knoblauch und
Dr. rer. nat. Günther Ziegler, Institut für Gesteinshüttenkunde der Rhein.-Westf. Technischen Hochschule Aachen
Die Hydratation der Verbindungen 3 $CaO \cdot SiO_2$ und ß-2 $CaO \cdot SiO_2$
1959. 56 Seiten, 22 Abb., 14 Tabellen. DM 15,70

HEFT 780
Prof. Dr. phil. Franz Wever,
Dr.-Ing. Werner Lueg und Dr.-Ing. Paul Funke, Max-Planck-Institut für Eisenforschung, Düsseldorf
Untersuchung von Walzöl und Walzölemulsionen im Kaltwalzversuch
1959. 68 Seiten, 28 Abb., mehr. Tabellen. DM 18,50

HEFT 788
Prof. Dr.-Ing. Herwart Opitz, Laboratorium für Werkzeugmaschinen und Betriebslehre an der Rhein.-Westf. Technischen Hochschule Aachen
Der Einsatz radioaktiver Isotope bei Zerspanungsuntersuchungen
1959. 35 Seiten, 23 Abb. DM 11,30

HEFT 797
Prof. Dr. phil. Heinrich Lange und
Dr. rer. nat. Rudolf Kohlhaas, Institut für theoretische Physik der Universität Köln
Über die wahre spezifische Wärme von Eisen, Nickel und Chrom bei hohen Temperaturen
Neue Verfahren zur Messung der wahren spezifischen Wärme von Metallen bei hohen Temperaturen
1960. 115 Seiten, 38 Abb., 24 Tabellen. DM 31,20

HEFT 798
Dr. rer. nat. Karl Wassmann, Mönchengladbach
Einfluß der Schutzgasatmosphäre auf die Eigenschaften von Sinterstahl
1959. 94 Seiten, 65 Abb., 19 Tabellen. DM 27,—

HEFT 799
Dipl.-Ing. Helmut Weiss, Frankfurt a. M.
Aufkohlung und Härtung von Sintereisen-Werkstoffen
1960. 61 Seiten, 56 Abb., 2 Tabellen. DM 18,80

HEFT 800
Dipl.-Ing. Otto Schindler, Lehrstuhl für Stahlbau, Technische Hochschule Hannover
Untersuchungen an geschweißten Hüttenkranen
Ein Beitrag zur Berechnung dünnwandiger Hohlkästen
1959. 46 Seiten, 14 Abb., 2 Tabellen. DM 13,20

HEFT 801
Baurat Dipl.-Ing. Waldemar Gesell, Staatliche Ingenieurschule für Maschinenwesen, Duisburg
Ersatz von Quarzsand als Strahlmittel
1960. 66 Seiten, 12 Abb., 4 Tabellen. 17 Diagramme. DM 18,90

HEFT 833
Prof. Dr.-Ing. Helmut Winterhager und Dr.-Ing. Dan Hubert Hermes, Institut für Metallhüttenwesen und Elektrometallurgie der Rhein.-Westf. Technischen Hochschule Aachen
Anodennebenreaktionen bei der Silberraffinationselektrolyse
1960. 55 Seiten, 21 Abb., 10 Tabellen. DM 15,60

HEFT 834
Prof. Dr.-Ing. Helmut Winterhager und Dr.-Ing. Klaus Reiprich, Institut für Metallhüttenwesen und Elektrometallurgie der Rhein.-Westf. Technischen Hochschule Aachen
Studie über den Glänzabbau des Reinstaluminiums in Flußsäure enthaltenden chemischen Glänzbädern
1960. 92 Seiten, 88 Abb., 7 Tabellen. DM 27,30

HEFT 840
Prof. Dr. phil. Franz Wever, Dr.-Ing. Hans-Günter Müller und Dr.-Ing. Paul Funke, Max-Planck-Institut für Eisenforschung, Düsseldorf
Versuchsmäßige und rechnerische Bestimmung von Walzkraft und Drehmoment unter Einwirkung von Bandzugspannungen beim Kaltwalzen von Bandstahl
1960. 36 Seiten, 12 Abb., 3 Tafeln. DM 10,90

HEFT 841
Dr. rer. nat. Hubert Blanck, Max-Planck-Institut für Eisenforschung, Düsseldorf
Untersuchungen zur Kinetik des Martensitzerfalls
1960. 33 Seiten, 11 Abb., 2 Tabellen. DM 10,30

HEFT 849
Direktor Ludwig Martin, Wuppertal-Elberfeld und Friedrich Steiner, Ratingen
Weiterentwicklung von Friktionswerkstoffen
1960. 66 Seiten, 70 Abb., 3 Tabellen. DM 20,50

HEFT 939
Prof. Dr.-Ing. habil. Wilhelm Petersen und Dipl.-Ing. Hans Mingenbach, Dozentur für Brikettierung der Rhein.-Westf. Technischen Hochschule Aachen
Untersuchungen über die Herstellung von Erzbriketts
1961. 83 Seiten, 67 Abb., 2 Tabellen. DM 25,60

HEFT 957
Prof. Dr.-Ing. Dr.-Ing. E. h. Hermann Schenck, Prof. Dr.-Ing. Eugen Schmidtmann und Dr.-Ing. Helmut Brandis, Institut für Eisenhüttenwesen der Rhein.-Westf. Technischen Hochschule Aachen
Mechanische und physikalische Prüfverfahren zur Ermittlung der Vorgänge bei der Abschreck- und Verformungsalterung
1961. 47 Seiten, 34 Abb. DM 14,90

HEFT 958
Prof. Dr.-Ing. Dr.-Ing. E. h. Hermann Schenck, Prof. Dr.-Ing. Eugen Schmidtmann und Dr.-Ing. Heinz Müller, Institut für Eisenhüttenwesen der Rhein.-Westf. Technischen Hochschule Aachen
Untersuchungen zur Isolierung von Einschlüssen und Korngrenzensubstanzen in Eisenwerkstoffen nach dem Dünnschliffverfahren. Innere Oxydation von Eisenlegierungen
1961. 50 Seiten, 33 Abb., 2 Tabellen. DM 15,90

HEFT 961
Prof. Dr.-Ing. Wilhelm Patterson und Dr.-Ing. Dietmar Boenisch, Gießerei-Institut der Rhein.-Westf. Technischen Hochschule Aachen
Eigenschaften und Eigenschaftsänderungen der Tonmineralien in Formsanden
1961. 33 Seiten, 16 Abb. DM 10,90

HEFT 962
Prof. Dr.-Ing. Wilhelm Patterson und Dr.-Ing. Philipp Schneider, Gießerei-Institut der Rhein.-Westf. Technischen Hochschule Aachen
Untersuchungen über die Oberflächenfeingestalt von Gußstücken
1961. 69 Seiten, 52 Abb., 1 Bildtafel. DM 20,80

HEFT 963
Prof. Dr.-Ing. Wilhelm Patterson und Dr.-Ing. Wilhelm Weskamp, Gießerei-Institut der Rhein.-Westf. Technischen Hochschule Aachen
Versuche zur Steigerung der Temperatur in der Schmelzzone des Kupolofens und zur Erzielung eines optimalen thermischen Wirkungsgrades durch Verwendung von HC-Koks in unterschiedlicher Stückgröße
1961. 87 Seiten, 29 Abb., 30 Tabellen. DM 28,30

HEFT 964
Prof. Dr.-Ing. Wilhelm Patterson und Dr.-Ing. Friedrich Iske, Gießerei-Institut der Rhein.-Westf. Technischen Hochschule Aachen
Zusammenhang zwischen den mechanischen Eigenschaften im Gußstück und im getrennt gegossenen Probestab
1961. 82 Seiten, 53 Abb., 13 Tabellen. DM 23,80

HEFT 968
Prof. Dr.-Ing. habil. Anton Königer †, Institut für Gießereikunde der Technischen Universität Berlin
Zur Kenntnis der Passivierbarkeit und Korrosionsbeständigkeit technischer Eisensorten
1961. 25 Seiten, 7 Abb., 8 Tabellen. DM 8,90

HEFT 969
Prof. Dr. phil. Erich Scheil, Düsseldorf
Über den Zustand von Metallschmelzen
1961. 37 Seiten, 23 Abb., 2 Tabellen. DM 11,90

HEFT 970
Prof. Dr.-Ing. Anton Königer † und
Dipl.-Ing. Günther Kuhl, Institut für Gießereikunde der Technischen Universität Berlin
Der Einfluß verschiedener Begleit- und Legierungselemente auf das Viskositätsverhalten von Gußeisenschmelzen
1961. 26 Seiten, 14 Abb., 6 Tabellen. DM 8,60

HEFT 1016
Dr. rer. nat. W. Jellinghaus, Max-Planck-Institut für Eisenforschung, Düsseldorf
Sinterwerkstoffe aus Nickel oder Nickelaluminid mit Aluminiumoxyd
1961. 33 Seiten, 22 Abb., 6 Tabellen. DM 13,50

HEFT 1057
Prof. Dr.-Ing. Dr.-Ing. E. h. Hermann Schenck,
Dr.-Ing. Werner Wenzel und
Dr.-Ing. Hanns-Dieter Butzmann, Institut für Eisenhüttenwesen der Rhein.-Westf. Technischen Hochschule Aachen
Die Reduktion von Eisenerzen im heterogenen Wirbelbett
1961. 87 Seiten, 32 Abb., 5 Tabellen. DM 28,20

HEFT 1067
Prof. Dr.-Ing. Dr.-Ing. E. h. Hermann Schenck und
Dr.-Ing. Klaus-Dieter Unger, Institut für Eisenhüttenwesen der Rhein.-Westf. Technischen Hochschule Aachen
Versuche zur Bestimmung von Verunreinigungen in Metallen; insbesondere von Oxyden und Oxydverbindungen in technischen Stählen
1962. 34 Seiten, 10 Abb., 3 Tabellen. DM 13,40

HEFT 1068
Prof. Dr.-Ing. Dr.-Ing. E. h. Hermann Schenck,
Dr.-Ing. Werner Wenzel, Dr.-Ing. Günter Lindelar,
Prof. Dr.-Ing. Rudolf Spolders und
Dr.-Ing. Hilmar Weidenmüller, Institut für Eisenhüttenwesen der Rhein.-Westf. Technischen Hochschule Aachen
Der Einfluß des Schwefels und der Kohlenoxydspaltung auf den Hochofenprozeß
1962. 222 Seiten, 99 Abb., 51 Tabellen. DM 49,50

HEFT 1083
Prof. Dr.-Ing. Franz Bollenrath und
Ahmed Ali Salem El-Sabbagh, Institut für Werkstoffkunde der Rhein.-Westf. Technischen Hochschule Aachen
Untersuchungen über die Warmfestigkeit von Hartlötverbindungen
1963. 80 Seiten, 88 Abb., 7 Tabellen. DM 59,40

HEFT 1092
Prof. Dr.-Ing. habil. Anton Königer † und
Dr.-Ing. Manfred Odendahl, Institut für Gießereikunde der Technischen Universität Berlin
Der Einfluß von Oxyden auf die Viskosität von reinen Eisen-Kohlenstoff-Silizium-Legierungen
1962. 23 Seiten, 9 Abb. DM 10,40

HEFT 1093
Dr.-Ing. Wolf Dieter Röpke und
Dr.-Ing. Abbas Sabé, Institut für Gießereikunde der Technischen Universität Berlin
Das Fließvermögen und die Warmrißneigung von Stahl mit besonderer Berücksichtigung des Einflusses von hohen Molybdängehalten
1962. 37 Seiten, 21 Abb., 4 Tabellen. DM 17,—

HEFT 1094
Prof. Dr.-Ing. habil. Anton Königer † und
Prof. Dr. phil. Emanuel Pfeil, Institut für Gießereikunde der Technischen Universität Berlin
Versuche zur Entwicklung von Korrosions-Prüfmethoden
1962. 23 Seiten, 7 Abb., 3 Tabellen. DM 10,80

HEFT 1113
Dr. rer. nat. Wolfgang Pitsch, Max-Planck-Institut für Eisenforschung, Düsseldorf
Die kristallographischen Eigenschaften der Nitridausscheidungen im α-Eisen
1962. 21 Seiten, 8 Abb., 3 Tabellen. DM 11,—

HEFT 1114
Dipl.-Chem. Dr. phil. Siegfried Eckhard und
Dipl.-Phys. Walter Baum, Max-Planck-Institut für Eisenforschung, Düsseldorf
Über ein physikalisches Verfahren zur Bestimmung des Wasserstoffs im ternären Gemisch mit Stickstoff und Kohlenmonoxyd
1962. 63 Seiten, 31 Abb. DM 39,80

HEFT 1122
Prof. Dr.-Ing. Dr.-Ing. E. h. Hermann Schenck,
Dozent Dr.-Ing. Werner Wenzel und
Dr.-Ing. Günther Dietrich, Institut für Eisenhüttenwesen der Rhein.-Westf. Technischen Hochschule Aachen
Reaktionskinetische Betrachtung des Sintervorganges und Möglichkeiten zur Leistungssteigerung. Entwicklung eines Schachtsinterverfahrens
1962. 93 Seiten, 24 Abb., 5 Tabellen. DM 44,50

HEFT 1158
Dr.-Ing. habil. Alfred Krisch, Max-Planck-Institut für Eisenforschung, Düsseldorf
Über die Extrapolation von Zeitstandversuchen
1963. 31 Seiten, 13 Abb., 2 Tabellen. DM 17,50

HEFT 1190
Dipl.-Ing. Otto Schulte, Bericht aus dem Institut für Bildsame Formgebung der Rhein.-Westf. Technischen Hochschule Aachen
Einfluß kleiner Formänderungsgeschwindigkeiten auf die Formänderungsfestigkeit verschieden legierter Stähle und Nicht-Eisen-Metalle bei Warm-Formgebungstemperaturen
1966. 92 Seiten, 79 Abb., 3 Tabellen. DM 72,—

HEFT 1191
Prof. Dr.-Ing. habil. Anton Königer †,
Dr.-Ing. Manfred Odendahl und Eberhard Pahl, Institut für Gießereikunde der Technischen Universität Berlin
Über die Bildsamkeit von tongebundenen Formsanden
1963. 33 Seiten, 21 Abb., 4 Tabellen. DM 18,—

HEFT 1192
Prof. Dr.-Ing. habil. Anton Königer † und Dr.-Ing. Peter R. Sahm, Institut für Gießereikunde der Technischen Universität Berlin
Das Fließvermögen reiner und sauerstoffhaltiger Kupferschmelzen
1963. 47 Seiten, 38 Abb. 3 Tabellen. DM 31,80

HEFT 1193
Prof. Dr.-Ing. Helmut Winterhager und Dr.-Ing. Reinhard K. Buchner, Institut für Metallhüttenwesen und Elektrometallurgie der Rhein.-Westf. Technischen Hochschule Aachen
Beitrag zum experimentellen Problem der Messung schneller Elektrodenvorgänge
1963. 40 Seiten, 14 Abb. DM 17,—

HEFT 1194
Dr. rer. nat. Werner Jellinghaus, Max-Planck-Institut für Eisenforschung, Düsseldorf
Beiträge zur Konstitution metallischer Stoffe durch Suszeptibilitätsmessungen
1963. 25 Seiten, 8 Abb., 3 Tabellen. DM 14,—

HEFT 1253
Dipl.-Ing. Alfred Puck, Dipl.-Ing. Horst Wurtinger, Deutsches Kunststoffinstitut, Darmstadt
Werkstoffgemäße Dimensionierungs-Größen für den Entwurf von Bauteilen aus kunstharzgebundenen Glasfasern
Teil I und II
1963. 149 Seiten, 73 Abb., 8 Tabellen. DM 76,—

HEFT 1305
Dr. phil. Hermann Möller und Dipl.-Phys. Helmut Weeber, Max-Planck-Institut für Eisenforschung, Düsseldorf
Die Bildgüte bei der Durchstrahlung von Werkstoffen mit Röntgen- oder Gammastrahlen von 0,1 bis 31 MeV
1963. 69 Seiten, 40 Abb., 2 Tabellen. DM 32,90

HEFT 1344
Prof. Dr.-Ing. Dr.-Ing. E. h. Hermann Schenck, Dozent Dr.-Ing. Werner Wenzel, Dr.-Ing. Hans D. Kluger, Institut für Eisenhüttenwesen der Rhein.-Westf. Technischen Hochschule Aachen
Über das Reduktionsverhalten eisenoxydhaltiger Schlacken
1964. 91 Seiten, 60 Abb., 6 Tabellen im Anhang. DM 44,—

HEFT 1355
Dr.-Ing. habil. Alfred Krisch, Max-Planck-Institut für Eisenforschung, Düsseldorf
Kriechverhalten, Gefügeänderung und Risse bei mehrjährigen Zeitstandversuchen
1964. 27 Seiten, 17 Abb., 6 Tabellen. DM 14,80

HEFT 1379
Dr. phil. nat. Max Hempel, Max-Planck-Institut für Eisenforschung, Düsseldorf
Dauerschwingfestigkeit bei 20 und 500° C von Stählen mit niedrigem Kohlenstoffgehalt und verschiedenen Titan-Zusätzen
1964. 58 Seiten, 27 Abb., 12 Tabellen. DM 34,—

HEFT 1384
Dr. rer. nat. Hans-Jürgen Engell, Dr. rer. nat. Anton Bäumel und Dr. rer. nat. Konrad Bohnenkamp, Max-Planck-Institut für Eisenforschung, Düsseldorf
Die Spannungsrißkorrosion von Weicheisen in Kalzium-Nitratlösungen
1964. 46 Seiten, 27 Abb., 2 Tabellen. DM 25,50

HEFT 1385
Prof. Dr.-Ing. Helmut Winterhager und Dr.-Ing. Roland Kammel, Institut für Metallhüttenwesen und Elektrometallurgie der Rhein.-Westf. Technischen Hochschule Aachen
Über die elektrochemischen Grundlagen der Zinkchlorid-Schmelzflußelektrolyse
1964. 52 Seiten, 22 Abb., 24 Tabellen. DM 25,50

HEFT 1387
Dipl.-Chem. Wolfgang Werner, im Auftrage der Deutschen Industrie-Werke Aktiengesellschaft, Berlin-Spandau
Verbesserung der Eigenschaften von Sinterteilen durch Nachbehandlung (Oberflächenveredelung, Korrosionsschutz)
1964. 44 Seiten, 21 Abb., 16 Tabellen. DM 23,80

HEFT 1391
Dipl.-Phys. Dr. rer. nat. Ernst Wachtel und Dipl.-Phys. Erich Übelacker, Max-Planck-Institut für Metallforschung, Stuttgart, im Auftrage des Vereins Deutscher Gießereifachleute, Düsseldorf
Messung der Dichte und der magnetischen Suszeptibilität von Zinn-Zink-Legierungen
1964. 42 Seiten, 23 Abb., 4 Tabellen. DM 23,50

HEFT 1398
Prof. Dr.-Ing. Eberhard Schürmann und Dr.-Ing. Horst-Carsten Groth, Institut für Gießereiwesen der Bergakademie Clausthal, im Auftrage des Vereins Deutscher Gießereifachleute, Düsseldorf
Schmelzgleichgewichte im System Eisen–Schwefel–Kohlenstoff–Phosphor und Silizium bei 1400° C
1964. 31 Seiten, 6 Abb., 6 Tabellen. DM 15,50

HEFT 1403
Dr. phil. nat. Gerhard Zapf, Dipl.-Ing. Ulrich Völker und Ing. Rudolf Reinstadtler, im Auftrage der Forschungsgemeinschaft Pulvermetallurgie, Schwelm
Entwicklung von Fertigungsmethoden zur Erzeugung hochfester Sinterteile, Teil I und II
1965. 170 Seiten, 54 Abb., 13 Tabellen, 29 Auswertungstafeln, 55 Diagramme. DM 74,50

HEFT 1414

Prof. Dr. phil. Walter Koch, Dipl.-Phys. Helga Kolbe-Rohde und Dr. rer. nat. Jürgen Dittmann, Max-Planck-Institut für Eisenhüttenwesen der Rhein.-Westf. Technischen Hochschule Aachen

Untersuchungen zur Kinetik der Karbidbildung in Chromstählen

1964. 21 Seiten, 6 Abb., 4 Tabellen. DM 12,—

HEFT 1415

Prof. Dr.-Ing. Dr.-Ing. E. h. Hermann Schenck, Dozent Dr.-Ing. Werner Wenzel und Dr.-Ing. Trimbak Herwadkar, Institut für Eisenhüttenwesen der Rhein.-Westf. Technischen Hochschule Aachen

Stückigmachung von Feinerz auf dem Wanderrost in Gemischen mit Feinkohle

1964. 100 Seiten, 34 Abb., 21 Tabellen. DM 43,80

HEFT 1416

Prof. Dr.-Ing. Dr. h. c. Herwart Opitz und Dipl.-Ing. H. H. Bech, Laboratorium für Werkzeugmaschinen und Betriebslehre der Rhein.-Westf. Technischen Hochschule Aachen, im Auftrage des Vereins Deutscher Gießereifachleute, Düsseldorf

Bearbeitung von Leichtmetallen

1964. 39 Seiten, 22 Abb., 5 Tabellen. DM 26,50

HEFT 1419

Prof. Dr. phil. Adolf Rose, Dr.-Ing. Hans Paul Hougardy und Dr.-Ing. Albert Klein, Max-Planck-Institut für Eisenforschung, Düsseldorf

Der Einfluß der Unterkühlung auf die Kristallisationsformen von voreutektoidisch ausgeschiedenen Phasen und von eutektoidischen Phasengemengen

1964. 83 Seiten, 51 Abb., 4 Tabellen. DM 47,50

HEFT 1420

Prof. Dr. phil. Erich Scheil† und Dr. rer. nat. Hans Leo Lukas, im Auftrage des Vereins Deutscher Gießereifachleute, Düsseldorf

Messung des Dampfdruckes von magnesiumhaltigen Gußeisenschmelzen

1964. 19 Seiten, 8 Abb. DM 12,—

HEFT 1428

Prof. Dr.-Ing. Max Vater, Dipl.-Ing. Gerhard Nebe und Dipl.-Ing. Ansgar Schütza, Institut für Bildsame Formgebung der Rhein.-Westf. Technischen Hochschule Aachen

Mechanische Entzunderung von Blechen und Bändern

1965. 104 Seiten, 124 Abb., 6 Tabellen. DM 66,80

HEFT 1447

Dr. phil. Wolfgang Wepner, Max Planck-Institut für Eisenforschung, Düsseldorf

Restwiderstandsmessungen an reinem Eisen

1964. 23 Seiten, 5 Abb., 2 Tabellen. DM 12,50

HEFT 1448

Dr. rer. nat. Ralf Damm und Dr. rer. nat. Ernst Wachtel, Max-Planck-Institut für Metallforschung, Stuttgart, im Auftrage des Vereins Deutscher Gießereifachleute, Düsseldorf

Magnetische Messungen und kinetische Versuche an flüssigen Wismut–Mangan-Legierungen

1965. 25 Seiten, 9 Abb. DM 12,80

HEFT 1474

Prof. Dr.-Ing. Max Vater, Dipl.-Ing. Gerhard Nebe und Dipl.-Ing. Ansgar Schütza, Institut für Bildsame Formgebung der Rhein.-Westf. Technischen Hochschule Aachen

Beitrag zur mechanischen Entzunderung von Draht

1965. 35 Seiten, 19 Abb. DM 19,80

HEFT 1482

Prof. Dr. Theo Heumann und Richard Schürmann, Institut für Metallforschung der Universität Münster

Über die Beeinflussung der Passivierbarkeit aktiver Metalle durch Zulegieren von Chrom und Nickel

1965. 43 Seiten, 27 Abb. DM 23,50

HEFT 1487

Dr.-Ing. Werner Schwenzfeier und Dr.-Ing. Oskar Pawelski, Max-Planck-Institut für Eisenforschung, Düsseldorf

Glühversuche an Stahldrähten in verschiedenen Ofenatmosphären

1965. 45 Seiten, 34 Abb., 2 Tabellen. DM 25,80

HEFT 1491

Prof. Dr.-Ing. Wilhelm Patterson, Dr.-Ing. Peter Coppetti

Gießerei-Institut der Rhein.-Westf. Technischen Hochschule Aachen

Prof. Dr.-Ing. Dr. h. c. Herwart Opitz

Laboratorium für Werkzeugmaschinen und Betriebslehre der Rhein.-Westf. Technischen Hochschule Aachen

Zerspanbarkeit von Grauguß

1965. 109 Seiten, 54 Abb., 5 Tabellen. 59,50

HEFT 1492

Dr. phil. nat. Max Hempel und Dr. rer. nat. Emil Hillnhagen, Max-Planck-Institut für Eisenforschung, Düsseldorf

Einfluß der Erschmelzungsart auf die Dauerschwingfestigkeit ungekerbter und gekerbter Proben eines Wälzlagerstahles

1965. 63 Seiten, 21 Abb., 12 Tabellen. DM 38,—

HEFT 1495

Prof. Dr.-Ing. Wilhelm Patterson, Dr.-Ing. Helmut Brand und Dipl.-Ing. Heinrich Traßl, Gießerei-Institut der Rhein.-Westf. Technischen Hochschule Aachen

Das Viskositätsverhalten flüssiger Bleilegierungen im Konzentrationsbereich der festen Löslichkeit

1965. 24 Seiten, 9 Abb., 2 Tabellen. DM 13,—

HEFT 1496

Prof. Dr. phil. Karl Löhberg und Dipl.-Ing. Günther Kühl, Institut für Gießereikunde der Technischen Universität Berlin, im Auftrage des Vereins Deutscher Gießereifachleute, Düsseldorf

Einfluß von Magnesium und Cer auf die Viskosität behandelter Gußeisenschmelzen sowie Abbrand des Magnesiums und Änderung des Sauerstoffgehaltes in Abhängigkeit von der Abstehzeit

1965. 26 Seiten, 7 Abb., 5 Tabellen. DM 12,80

HEFT 1502

Prof. Dr.-Ing. Wilhelm Patterson, Dr.-Ing. Walter Koppe und Dr.-Ing. Siegfried Engler, Gießerei-Institut der Rhein.-Westf. Technischen Hochschule Aachen

Untersuchungen zur Erstarrung und Speisung von Gußeisen

1965. 96 Seiten, 51 Abb., 3 Tabellen. DM 52,80

HEFT 1503

Prof. Dr.-Ing. Max Vater, Dipl.-Ing. Gerhard Nebe und Dipl.-Ing. Ansgar Schütza, Institut für Bildsame Formgebung der Rhein.-Westf. Technischen Hochschule Aachen

Beitrag zur Prüfung metallischer Strahlmittel

1965. 77 Seiten, 69 Abb., 11 Tabellen. DM 49,—

HEFT 1534

Prof. Dr. phil. Adolf Rose, Max-Planck-Institut für Eisenforschung, Düsseldorf

Schweißbarkeit und Umwandlungsverhalten der Stähle

1965. 57 Seiten, 20 Abb., 5 Tabellen. DM 39,—

HEFT 1552

Fachausschuß Stahlguß im Verein Deutscher Gießereifachleute, Düsseldorf

Einfluß der Oberflächenbeschaffenheit auf die Dauerfestigkeit von Stahlguß

1965. 38 Seiten, zahlr. Abb. und Tabellen. DM 24,80

HEFT 1571

Dr. phil. Heinz Kudielka und M. Sc. Teruo Yukitoshi, Max-Planck-Institut für Eisenforschung, Düsseldorf

Röntgenfluoreszenz-Untersuchungen an kleinen Feststoff-Oberflächen und konzentrierten Salzlösungen

1965. 48 Seiten, 24 Abb., 13 Tabellen. DM 29,50

HEFT 1578

Prof. Dr.-Ing. Franz Bollenrath und Dipl.-Ing. Hugo Feldmann, Institut für Werkstoffkunde der Rhein.-Westf. Technischen Hochschule Aachen

Einfluß der Verformung und Temperatur auf mechanische Eigenschaften von unlegiertem Titan

1966. 103 Seiten, 43 Abb., 11 Tabellen. DM 62,50

HEFT 1580

Prof. Dr.-Ing. Hermann Schenck und Dr.-Ing. Franz Neumann, Institut für Eisenhüttenwesen und Gießerei-Institut der Rhein-Westf. Hochschule Aachen

Über den Einfluß von Zusatzelementen auf das Verhalten des Kohlenstoffs in flüssigen Eisenlegierungen und die Beziehung zu ihrer Stellung im Periodischen System

1966. 29 Seiten, 15 Abb., 2 Tabellen. DM 23,—

HEFT 1589

Prof. Dr.-Ing. Dr.-Ing. E. h. Hermann Schenck, Aachen, Prof. Dr.-Ing. habil. Mathias Nacken, Aachen, Dr.-Ing. Ernst Potthast, Völklingen, und Dipl.-Phys. Edith Butenuth, Aachen.

Institut für Eisenhüttenwesen und Gemeinschaftslabor für Elektronenmikroskopie der Rhein.-Westf. Technischen Hochschule Aachen

Untersuchungen über die Existenzbereiche der Eisenkarbide mit Hilfe der Elektronenmikroskopie und Elektronenbeugung

1966. 81 Seiten, 47 Abb., 6 Tabellen. DM 55,30

HEFT 1591

Prof. Dr.-Ing. Wilhelm Patterson und Dozent Dr.-Ing. Siegfried Engler, Gießerei-Institut der Rhein.-Westf. Technischen Hochschule Aachen

Volumendefizit und Lunkerung bei der Erstarrung von Metallen

1966. 51 Seiten, 29 Abb., 5 Tabellen. DM 31,—

HEFT 1592

Prof. Dr.-Ing. habil. Dr. h. c. Max Fink und Dr.-Ing. Alfred E. Steinegger, Institut für Fördertechnik und Schienenfahrzeuge der Rhein.-Westf. Technischen Hochschule Aachen.

Direktor: Prof. Dr.-Ing. habil. Dr. h. c. Max Fink und Forschungsinstitut der Gesellschaft zur Förderung der Glimmentladungsforschung e. V., Köln.

Direktor: Prof. Dr. Martin Schmeisser

Die Erscheinung der Reiboxydation an ionitrierten Stahloberflächen

1965. 83 Seiten, 10 Abb., 16 Tabellen, 15 Tafeln. DM 49,50

HEFT 1615

Prof. Dr.-Ing. Wilhelm Patterson und Dozent Dr.-Ing. Siegfried Engler, Gießerei-Institut der Rhein.-Westf. Technischen Hochschule Aachen

Die »gerichtete Erstarrung« als Voraussetzung zur Herstellung dichter Gußstücke

1966. 33 Seiten, 17 Abb., 2 Tabellen. DM 18,—

HEFT 1617

Dr.-Ing. Alfred F. Steinegger und Dipl.-Ing. Josef Kläusler, Forschungsinstitut der Gesellschaft zur Förderung der Glimmentladungsforschung e. V., Köln

Direktor: Prof. Dr. Martin Schmeißer

Untersuchung der Notlaufeigenschaften inoitrierter Laufflächen bei gleitender Reibung

1966. 39 Seiten, 28 Abb., 5 Tabellen. DM 24,20

HEFT 1622

Prof. Dr.-Ing. Wilhelm Patterson, Prof. Dr.-Ing. Hermann Schenck und Priv.-Doz. Dr.-Ing. Franz Neumann Gießerei-Institut der Rhein.-Westf. Technischen Hochschule Aachen und Institut für Eisenhüttenwesen der Rhein.-Westf. Technischen Hochschule Aachen

Einfluß der Eisenbegleiter auf Kohlenstofflöslichkeit, Kohlenstoffaktivität und Sättigungsgrad im Gußeisen

1966. 30 Seiten, 5 Abb., 2 Tabellen. DM 24,—

HEFT 1626

Prof. Dr.-Ing. Dr.-Ing. E. h. Hermann Schenck, Dozent Dr.-Ing. Werner Wenzel, Dr.-Ing. B. R. Rajasekhar und Dipl.-Phys. Franz Rudolf Block, Institut für Eisenhüttenwesen der Rhein.-Westf. Technischen Hochschule Aachen

Das metallurgische und elektrische Verhalten von Koks, insbesondere von Erzkoks, unter den realen Bedingungen des elektrischen Niederschachtofens

1966. 135 Seiten, 76 Abb., 20 Tabellen. DM 85,80

HEFT 1627

Prof. Dr.-Ing. Dr.-Ing. E. h. Hermann Schenck, Dozent Dr.-Ing. Werner Wenzel und Dr.-Ing. Karl-Heinz Kleemann, Institut für Eisenhüttenwesen der Rhein.-Westf. Technischen Hochschule Aachen

Entzinkung von Gichtstaub im Schmelzsyklon

1966. 82 Seiten, 33 Abb., 2 Tabellen. DM 43,40

HEFT 1628

Prof. Dr.-Ing. Wilhelm Patterson und Dr.-Ing. Wolfgang Standke, Gießerei-Institut der Rhein.-Westf. Technischen Hochschule Aachen, in Zusammenarbeit mit dem Verein Deutscher Gießereifachleute, Düsseldorf

Einfluß der Einsatzstoffe, der Schmelzführung im Induktionsofen und der Impfbehandlung auf das Gefüge und die mechanischen Eigenschaften von Gußeisen mit Lamellengraphit

1966. 69 Seiten, 33 Abb., 7 Tabellen. DM 40.—

HEFT 1629

Priv.-Dozent Dr.-Ing. Franz Neumann, Prof. Dr.-Ing. Wilhelm Patterson und Dipl.-Ing. Dieter Albrecht, Gießerei-Institut der Rhein.-Westf. Technischen Hochschule Aachen

Gleichgewichtsuntersuchungen über den gemeinsamen Einfluß von Mangan und Schwefel auf das physikalisch-chemische Verhalten des im flüssigen Eisen gelösten Kohlenstoffs im Bereich der Kohlenstoffsättigung

1966. 40 Seiten, 14 Abb., 4 Tabellen. DM 28,70

HEFT 1630

Prof. Dr.-Ing. Helmut Winterhager, Dr.-Ing. Lothar Greiner und Dr.-Ing. Roland Kammel, Institut für Metallhüttenwesen und Elektrometallurgie der Rhein.-Westf. Technischen Hochschule Aachen

Untersuchungen über die Dichte und die elektrische Leitfähigkeit von Schmelzen der Systeme $CaO—Al_2O_3—SiO_2$ und $CaO—MgO—Al_2O_3—SiO_2$

1966. 44 Seiten, 23 Abb., 6 Tabellen. DM 30,—

HEFT 1644

Dipl.-Ing. Ralf Fangmeier und Dr. phil. Wolfgang Wepner, Max-Planck-Institut für Eisenforschung, Düsseldorf

Versuchseinrichtung und Versuche zur Erholung eines austenitischen Stahles nach plastischer Verformung bei 4,2° K

1966. 31 Seiten, 5 Abb. DM 18,40

HEFT 1659

Prof. Dr.-Ing. Wilhelm Patterson und Dr.-Ing. Dietmar Boenisch, Gießerei-Institut der Rhein.-Westf. Technischen Hochschule Aachen

Die Wasserbindung an Tonen und ihre Bedeutung für die Fertigkeit des Gießereiformsandes

1966. 35 Seiten, 8 Abb., 1 Tabelle. DM 18,80

HEFT 1695

Dr. rer. nat. Dietrich Meinhardt, Max-Planck-Institut für Eisenforschung, Düsseldorf

Strukturbestimmung durch Kernstreuung und magnetische Streuung thermischer Neutronen

1966. 44 Seiten, 14 Abb., 11 Tabellen. DM 32,30

HEFT 1743

Dr.-Ing. Alfred F. Steinegger und Dipl.-Ing. Siegfried Jentzsch, Gesellschaft zur Förderung der Glimmentladungsforschung e. V., Köln. – Direktor: Prof. Dr. Martin Schmeisser

Das Verhalten ionitrierter Oberflächen beim statischen Torsionsversuch

1966. 39 Seiten, 19 Abb., 2 Tabellen. DM 24,40

HEFT 1745

Dr. phil. nat. Gerhard Zapf, Dipl.-Ing. Jörg Niessen und Ing. Rudolf Reinstadtler, Forschungsgemeinschaft Pulvermetallurgie e. V., Schwelm

Untersuchung über die Wärmebehandlung legierter Sinterstähle mit Kupfer und Nickel als Legierungselemente

1966. 41 Seiten, 32 Abb., 6 Tabellen. DM 32,—

HEFT 1746

Dipl.-Phys. Franz-Rudolf Block, Roetgen, Prof. Dr.-Ing., Dr.-Ing. E. h. Hermann Schenck, Aachen, und Dozent Dr.-Ing. Werner Wenzel, Aachen, Institut für Eisenhüttenwesen der Rhein.-Westf. Technischen Hochschule Aachen

Der Gegenstromwärmeaustausch in Wirbelbetten

1966. 41 Seiten, 32 Abb., 6 Tabellen. DM 32,—

HEFT 1752

Priv.-Doz. Dr.-Ing. Günther Woelk, Institut für Industrieofenbau und Wärmetechnik im Hüttenwesen der Rhein.-Westf. Technischen Hochschule Aachen

Ein Näherungsverfahren zur numerischen Berechnung instationärer Temperaturfelder

1966. 72 Seiten, 7 Abb., 13 Tafeln. DM 54,60

HEFT 1753

Prof. Dr.-Ing. Helmut Winterhager und Dr.-Ing. Roland Kammel, Institut für Metallhüttenwesen und Elektrometallurgie der Rhein.-Westf. Technischen Hochschule Aachen

Über die Metallgehalte in den Schlacken des Bleischachtofenprozesses und ihr Verhalten im elektrischen Feld

1966. 44 Seiten, 17 Abb., 7 Tabellen. DM 31,—

HEFT 1775

Dr.-Ing. Oskar Pawelski und Dr.-Ing. Eberhard Neuschütz, Max-Planck-Institut für Eisenforschung, Düsseldorf

Beitrag zu den Grundlagen des Walzens in Streckkalibern

HEFT 1786

Dipl.-Ing. Siegfried Jentzsch und Dr.-Ing. Alfred F. Steinegger, Forschungsinstitut der Gesellschaft zur Förderung der Glimmentladungsforschung e. V., Köln Direktor: Prof. Dr. Martin Schmeisser

Der Einfluß chemisch aktiver und inaktiver Gase bei der Behandlung von Stahloberflächen in der Glimmentladung

1966. 33 Seiten, 15 Abb., 7 Tabellen. DM 22,60

HEFT 1802

Prof. Dr. phil. Walter Koch und Dipl.-Chem. Dr. rer. nat. Günter Holec, Max-Planck-Institut für Eisenforschung, Düsseldorf

Isolierung und Untersuchungen der Oxydeinschlüsse in unberuhigten und teilberuhigten Stählen

In Vorbereitung

HEFT 1804

Prof. Dr.-Ing. habil. Wilhelm Anton Fischer und Dr.-Ing. Michael Haussmann, Max-Planck-Institut für Eisenforschung, Düsseldorf

Elektrochemische Messungen an Eisen–Sauerstoff–Schmelzen *In Vorbereitung*

HEFT 1805

Prof. Dr.-Ing. habil. Wilhelm Anton Fischer und Dr.-Ing. Werner Ertmer, Max-Planck-Institut für Eisenforschung, Düsseldorf

Die Untersuchung des Wärmeinhalts, der Wärmeleitfähigkeit und der elektrischen Leitfähigkeit von Schmelzkalk, Band I und II *In Vorbereitung*

HEFT 1806

Dr. rer. nat. Priv.-Doz. Werner Schaarwächter, Frankfurt, Dipl.-Ing. Liselotte Jasper, Aachen und Prof. Dr. rer. nat. Kurt Lücke, Institut für Allgemeine Metallkunde und Metallphysik der Rhein.-Westf. Technischen Hochschule Aachen

Der Einfluß der Versetzungsstruktur auf die Kristallauflösung *In Vorbereitung*

HEFT 1808

Prof. Dr.-Ing. Wilhelm Patterson und Dr.-Ing. Wolfgang Standke, Gießerei-Institut der Rhein.-Westf. Technischen Hochschule Aachen

Bestimmungsverfahren und Größe der Schlagzähigkeit von Gußeisen mit Lamellengraphit

In Vorbereitung

HEFT 1818

Prof. Dr.-Ing. Wilhelm Patterson und Dr.-Ing. Günter Dietzel, Gießerei-Institut der Rhein.-Westf. Technischen Hochschule Aachen

Beitrag zur Frage von Eigenspannungen im Grauguß *In Vorbereitung*

HEFT 1819

Prof. Dr. phil. Adolf Rose, Ratingen und Dr.-Ing. Leo Rademacher, Witten, Max-Planck-Institut für Eisenforschung, Düsseldorf

Umwandlungen in warmfesten Stählen

Versuch einer Gleichgewichtsdarstellung der Karbidphasen *In Vorbereitung*

HEFT 1825

Klaus Krone, Joachim Krüger und Helmut Winterhager, Institut für Metallhüttenwesen und Elektrometallurgie der Rhein.-Westf. Technischen Hochschule Aachen

Beitrag zum Schmelzen von NiCr-Basislegierungen im Hochvakuum

Schrifttumsübersicht und vakuummetallurgische Grundlagen *In Vorbereitung*

HEFT 1826

Dr. phil. nat. Max Hempel, Max-Planck-Institut für Eisenforshung

Verformungserscheinungen an der Oberfläche biegewechselbeanspruchter austenitischer Stahlproben bei Raumtemperatur *In Vorbereitung*

Verzeichnisse der Forschungsberichte aus folgenden Gebieten können beim Verlag angefordert werden:

Acetylen/Schweißtechnik – Arbeitswissenschaft – Bau/Steine/Erden – Bergbau – Biologie – Chemie – Druck/Farbe/Papier/Photographie – Eisenverarbeitende Industrie – Elektrotechnik/Optik – Energiewirtschaft – Fahrzeugbau/Gasmotoren – Fertigung – Funktechnik/Astronomie – Gaswirtschaft – Holzbearbeitung – Hüttenwesen/Werkstoffkunde – Kunststoffe – Luftfahrt/Flugwissenschaften – Luftreinhaltung – Maschinenbau – Mathematik – Medizin/Pharmakologie – NE-Metalle – Physik – Rationalisierung – Schall/Ultraschall – Schiffahrt – Textilforschung – Turbinen – Verkehr – Wirtschaftswissenschaften.

SPRINGER FACHMEDIEN WIESBADEN GMBH

GPSR Compliance

The European Union's (EU) General Product Safety Regulation (GPSR) is a set of rules that requires consumer products to be safe and our obligations to ensure this.

If you have any concerns about our products, you can contact us on ProductSafety@springernature.com

In case Publisher is established outside the EU, the EU authorized representative is:

Springer Nature Customer Service Center GmbH
Europaplatz 3
69115 Heidelberg, Germany

Batch number: 10584556

Printed by Printforce, the Netherlands